Behzad Shahbazi

Flotação de partículas de ouro

Behzad Shahbazi

Flotação de partículas de ouro

Otimização do fluxo da área de superfície das bolhas e tecnologias avançadas para uma recuperação melhorada

ScienciaScripts

Imprint

Cover image: www.ingimage.com

This book is a translation from the original published under ISBN 978-620-8-22567-4.

Publisher:
Sciencia Scripts
is a trademark of
Dodo Books Indian Ocean Ltd. and OmniScriptum S.R.L publishing group

120 High Road, East Finchley, London, N2 9ED, United Kingdom
Str. Armeneasca 28/1, office 1, Chisinau MD-2012, Republic of Moldova, Europe
Managing Directors: Ieva Konstantinova, Victoria Ursu
info@omniscriptum.com

Printed at: see last page
ISBN: 978-620-8-34720-8

PREFÁCIO

A extração e o processamento de ouro são, desde há muito, fundamentais para a civilização humana, impulsionando frequentemente os avanços tecnológicos e moldando as economias. Na era moderna, com os depósitos de ouro facilmente acessíveis a tornarem-se cada vez mais escassos e as preocupações ambientais a aumentarem, podem ser necessários métodos de recuperação de ouro mais eficientes e sustentáveis. Este livro, "Flotação de partículas de ouro: Optimizing Bubble Surface Area Flux and Advanced Technologies for Enhanced Recovery", poderá dar resposta a esta necessidade crítica, explorando os avanços na tecnologia de flotação de espuma, com especial incidência na recuperação de partículas de ouro grosseiras.

O conceito de Fluxo de Área Superficial de Bolhas (Sb), introduzido por Gorain et al. em 1997, pode ser visto como uma revolução na nossa compreensão da cinética e eficiência da flotação. Ao fornecer potencialmente uma medida unificada da dispersão de gás que pode estar fortemente correlacionada com o desempenho da flotação, a otimização do Sb pode oferecer um caminho para enfrentar vários desafios fundamentais da indústria mineira do ouro. Esses desafios podem incluir o declínio do teor de minério, o aumento dos custos de energia, a escassez de água e regulamentações ambientais mais rigorosas.

Este livro tem como objetivo explorar a otimização do Sb e as suas aplicações na flotação do ouro, possivelmente colmatando a lacuna entre a compreensão teórica e a implementação prática. Pode aprofundar os princípios que regem as interações bolha-partícula, examinar as tecnologias concebidas para melhorar a recuperação de partículas grosseiras e discutir as implicações mais amplas destas inovações para a indústria mineira e não só.

Os capítulos deste livro podem progredir desde os conceitos fundamentais até às aplicações avançadas:

1. Uma introdução ao Fluxo de Área de Superfície de Bolhas e seu papel potencial na flotação de ouro grosso, possivelmente preparando o terreno para as discussões que se seguem.
2. Uma exploração dos fundamentos do Sb na flotação de espuma, potencialmente fornecendo aos leitores uma base teórica.
3. Uma análise das caraterísticas das partículas de ouro que podem afetar a flotação, destacando os possíveis desafios e oportunidades apresentados pela recuperação de ouro grosso.
4. Uma análise do efeito potencial do Sb na recuperação do ouro, com base em modelos teóricos e estudos empíricos.

5. Uma apresentação de estratégias que podem otimizar o Sb na flotação de ouro, oferecendo perspectivas para os profissionais da indústria.

6. Uma exploração de tecnologias que podem melhorar as interações bolha-partícula, apresentando inovações no terreno.

7. Uma discussão sobre as potenciais implicações ambientais e económicas destes avanços, colocando as inovações técnicas num contexto mais vasto.

8. Uma conclusão com uma perspetiva sobre o possível futuro da tecnologia de flotação do ouro, identificando áreas para mais investigação e desenvolvimento.

Ao longo do livro, houve uma tentativa de equilibrar conceitos teóricos com aplicabilidade prática. Embora o foco seja a flotação de ouro, muitos dos princípios e tecnologias discutidos podem ter aplicações mais amplas no processamento mineral.

Este livro pode destinar-se a um vasto público, incluindo investigadores, engenheiros, profissionais da indústria e estudantes avançados nos domínios do processamento de minerais, metalurgia e engenharia mineira. Poderá servir não só como referência, mas também como catalisador de novas inovações neste domínio.

A redação deste livro foi um esforço de colaboração, com base na experiência de investigadores e profissionais de várias partes do mundo. Estamos profundamente gratos a todos aqueles que contribuíram com os seus conhecimentos e ideias.

Como podemos estar à beira de uma nova era no processamento de minerais, impulsionada por avanços na tecnologia e um foco crescente na sustentabilidade, espera-se que este livro possa contribuir para a evolução contínua dos métodos de recuperação de ouro. Talvez possa inspirar novas ideias, fomentar a colaboração e, em última análise, conduzir a práticas de processamento de ouro mais eficientes, sustentáveis e economicamente viáveis.

Dr. Behzad Shahbazi

Universidade Tarbiat Modares, Teerão, Irão 2024

ÍNDICE DE CONTEÚDOS

CAPÍTULO 1
INTRODUÇÃO AO FLUXO DA ÁREA SUPERFICIAL DAS BOLHAS E SEU PAPEL NA FLOTAÇÃO DE OURO GROSSO

1.1. Introdução

A flotação de espuma, um processo de separação físico-química, tem sido uma pedra angular do processamento mineral há mais de um século, desempenhando um papel fundamental na beneficiação de uma vasta gama de minérios, incluindo o ouro. Este processo, que explora as diferenças nas propriedades superficiais dos minerais, sofreu uma evolução significativa desde a sua criação no início dos anos 1900. À medida que a indústria mineira enfrenta desafios cada vez mais complexos, incluindo o processamento de minérios de menor qualidade, associações mineralógicas mais intrincadas e o imperativo de uma maior eficiência energética, a otimização dos processos de flotação tornou-se mais crítica do que nunca.

O princípio fundamental da flotação de espuma baseia-se na ligação selectiva de partículas minerais hidrofóbicas a bolhas de ar numa polpa aquosa, seguida da sua levitação para uma camada de espuma para recuperação. Este conceito aparentemente simples desmente a complexa interação de vários fenómenos físico-químicos, incluindo processos de colisão, fixação e desprendimento de partículas-bolhas, cada um deles regido por uma miríade de factores como a hidrodinâmica, a química da superfície e as forças interfaciais. No contexto da flotação do ouro, o processo apresenta desafios e oportunidades únicos. O ouro, com a sua elevada gravidade específica (19,3 g/cm^3) e associações mineralógicas frequentemente complexas, exige estratégias de flotação cuidadosamente adaptadas. A recuperação de partículas de ouro grosseiras, tipicamente definidas como aquelas com mais de 150 μm, tem sido particularmente difícil devido ao aumento das forças de desprendimento que actuam sobre estas partículas em ambientes de flotação turbulentos. Neste contexto, o conceito de Fluxo de Área de Superfície de Bolha (Sb) surgiu como um parâmetro chave para compreender e melhorar o desempenho da flotação, particularmente para partículas grossas. Introduzido por Gorain et al. (1997), o Sb é definido como a área de superfície das bolhas que sobem através de uma área de secção transversal unitária da célula de flotação por unidade de tempo. A importância do Sb reside na sua capacidade de encapsular múltiplos aspectos da dispersão de gás nas células de flotação, incluindo o tamanho das bolhas, a retenção de gás e a velocidade superficial do gás, num único parâmetro mensurável. Essa consolidação fornece uma ferramenta poderosa para analisar e otimizar o desempenho da flotação em diferentes escalas e condições operacionais. A relação entre Sb e cinética de flotação, particularmente para partículas grossas, tem sido objeto de extensa pesquisa. Estudos demonstraram que o aumento de Sb pode levar a uma melhor recuperação de partículas grossas, principalmente por meio de frequências de colisão bolha-partícula aprimoradas. No entanto, esta relação não é linear e é influenciada por vários factores, incluindo a dimensão, densidade e forma das partículas, bem como as condições hidrodinâmicas dentro da célula de flotação.

À medida que a indústria mineira continua a enfrentar o desafio de processar minérios de menor qualidade, a capacidade de recuperar eficientemente partículas grossas de ouro torna-se cada vez mais importante. Os circuitos de flotação tradicionais, optimizados para a recuperação de partículas finas, têm frequentemente dificuldades com a flotação de partículas grossas devido ao aumento das forças de desprendimento e à reduzida libertação de partículas. A aplicação de estratégias de otimização de Sb oferece uma via promissora para enfrentar estes desafios, conduzindo potencialmente a uma melhor recuperação global de ouro e a um menor consumo de energia nas operações de moagem.

Este capítulo tem como objetivo fornecer uma introdução abrangente ao conceito de Fluxo de Área de Superfície de Bolha e a sua aplicação específica na flotação de ouro grosso. Exploraremos os fundamentos teóricos do Sb, suas técnicas de medição e suas relações com outros parâmetros-chave de flotação. Além disso, aprofundaremos as considerações exclusivas da flotação de ouro bruto, incluindo o impacto do tamanho da partícula nas interações bolha-partícula, o papel da turbulência no desprendimento de partículas e as estratégias para otimizar o Sb em circuitos de flotação industrial.

Ao compreender e aproveitar o conceito de Fluxo de Área de Superfície de Bolhas, os engenheiros e investigadores de processamento mineral podem desenvolver estratégias de flotação mais eficientes e eficazes, particularmente para a tarefa desafiante de recuperação de ouro grosso. Este conhecimento constitui a base para as tecnologias avançadas e estratégias de otimização que serão exploradas nos capítulos seguintes, abrindo caminho para a próxima geração de processos de flotação capazes de satisfazer as exigências em evolução da indústria mineira.

1.2. Fundamentos da Flotação

A flotação é um processo de separação físico-química que explora as diferenças nas propriedades de superfície dos minerais. É tipicamente eficaz para partículas entre 20 e 200 mesh (75-850 µm) no sistema ASTM. O processo começa com a formação de uma pasta, onde as partículas de minério são suspensas em água a uma concentração de sólidos tipicamente entre 25 a 35 por cento. Esta pasta passa por várias fases de preparação:

1. Ajuste do pH com produtos químicos específicos
2. Adição de dispersantes para separar as partículas finas ou de lodo das superfícies minerais
3. Tratamento com depressores para tornar hidrofílicas certas superfícies de partículas
4. Adição de colectores para tornar as superfícies minerais alvo hidrofóbicas

A pasta preparada é então introduzida numa célula de flotação onde são geradas bolhas de ar através de agitação mecânica ou outros meios. Em alguns casos, são utilizados produtos químicos adicionais denominados espumantes para estabilizar as bolhas de ar. As partículas hidrofóbicas ligam-se a estas bolhas e sobem à superfície, formando uma espuma rica em minerais que é recolhida, enquanto as partículas hidrofílicas permanecem na pasta (Fig. 1.1).

A flotação pode ser classificada como direta, em que os minerais valiosos são flutuados, ou indireta, em que os minerais de ganga são flutuados. O processo é aplicado a vários grupos de minerais, incluindo sulfuretos, óxidos, silicatos, sais pouco solúveis, sais altamente solúveis, carvão e em aplicações especiais para além do processamento de minerais.

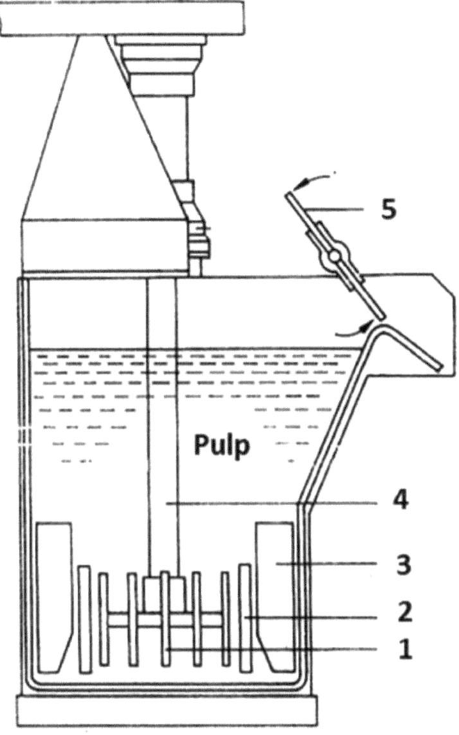

Figura 1.1. Célula de flotação 1) Rotor 2) Estator 3) Deflector 4) Veio 5) Pá de espuma

1.3. Flotação de partículas grossas

A recuperação de partículas grossas na flotação tem sido um desafio no processamento de minerais (Shahbazi et al., 2009). Tradicionalmente, a flotação tem sido mais eficaz para partículas na faixa de tamanho de 10-100 µm. No entanto, a capacidade de flutuar partículas mais grossas, tipicamente maiores que 150 µm, oferece várias vantagens:

1. Eficiência energética: As operações de trituração são frequentemente responsáveis por 30-50% da energia total utilizada nas instalações de processamento de minerais. A flotação de partículas grossas pode reduzir significativamente este consumo de energia.
2. Aumento do rendimento: Menos moagem permite um maior rendimento na infraestrutura da fábrica existente.
3. Redução do excesso de moagem: Isto minimiza a produção de lamas, que podem ser difíceis de recuperar e afetar negativamente o processo de flotação.

4. Conservação de água: As partículas mais grossas assentam mais rapidamente, reduzindo potencialmente o consumo geral de água.
5. Libertação melhorada: Nalguns minérios, os minerais valiosos podem ser suficientemente libertados em tamanhos mais grosseiros.
6. Melhoria da gestão dos rejeitos: Os rejeitos mais grossos são geralmente mais fáceis de manusear e empilhar.

Apesar destes potenciais benefícios, a flotação de partículas grossas enfrenta vários desafios:

1. Ligação partícula-bolha: As partículas grossas têm uma maior probabilidade de desprendimento devido à sua maior massa.
2. Estabilidade da espuma: As partículas grossas podem desestabilizar a fase de espuma.
3. Recuperação selectiva: Garantir a recuperação selectiva de minerais valiosos e rejeitar a ganga em tamanhos grosseiros continua a ser um desafio.

1.4. Fluxo da área de superfície da bolha (Sb)

O Fluxo de Área de Superfície de Bolhas (Sb), definido como a área de superfície das bolhas que sobem através de uma área de secção transversal unitária de uma célula de flotação por unidade de tempo, foi introduzido pela primeira vez como um parâmetro chave que liga as caraterísticas de dispersão de gás ao desempenho da flotação. Desde então, o conceito tem sido amplamente adotado na investigação e na prática da flotação, fornecendo uma medida unificada da área de superfície das bolhas disponível para a recolha de partículas.

A relação entre o Sb e a cinética de flotação é normalmente expressa como:

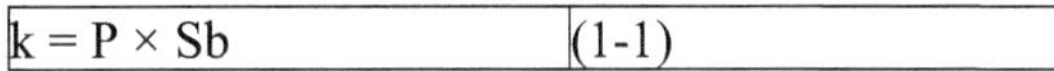

$$k = P \times Sb \quad (1\text{-}1)$$

Onde k é a constante da taxa de flotação, P é um parâmetro de flotabilidade que depende das propriedades do minério e das condições químicas, e Sb é o Fluxo de Área Superficial de Bolhas.

O conceito de Sb revolucionou a nossa compreensão dos processos de flotação, particularmente no contexto da flotação de partículas grossas. Embora valores mais altos de Sb geralmente levem a uma cinética de flotação melhorada, há limites além dos quais aumentos adicionais podem não produzir benefícios adicionais ou podem até ser prejudiciais. Para alguns sistemas, existe uma faixa ideal de Sb, acima da qual os problemas de estabilidade da espuma podem afetar negativamente a recuperação geral.

1.5. Flotação de ouro

A flotação do ouro apresenta desafios e oportunidades únicos neste contexto. A elevada gravidade específica do ouro (19,3 g/cm³) significa que as partículas grossas de ouro têm uma maior tendência para se depositarem rapidamente nas células de flotação convencionais, conduzindo potencialmente a perdas nos rejeitos. Compreender e otimizar o papel do Fluxo de Área Superficial de Bolhas na flotação de partículas grosseiras de ouro é, portanto, de particular interesse para a indústria.

A eficiência da flotação de ouro é influenciada por vários factores, incluindo as caraterísticas mineralógicas do minério, a distribuição do tamanho das partículas, a química da polpa e as condições hidrodinâmicas dentro da célula de flotação. A mineralogia dos minérios de ouro pode ser particularmente complexa, com o ouro a ocorrer frequentemente como partículas sub-microscópicas dentro de matrizes de sulfureto, predominantemente pirite e arsenopirite. Avanços recentes na conceção de células de flotação, como a tecnologia HydroFloat™, mostraram resultados promissores na recuperação de partículas de ouro grosseiras que se perderiam em circuitos de flotação convencionais (Fig. 1.2). Estas inovações utilizam mecanismos como leitos fluidizados para reduzir o desprendimento de partículas, expandindo efetivamente o limite superior de tamanho das partículas flutuáveis.

Figura 1.2. Tecnologia HydroFloat™ (sítio Web da eriez)

1.6. Perspectivas futuras

O futuro da flotação de partículas grossas, particularmente no processamento de ouro, reside na integração de várias tecnologias e abordagens:

1. Processos híbridos: Combinação da flotação com outras técnicas de separação, como a concentração gravítica ou a separação magnética.
2. Controlo avançado de processos: Implementação da aprendizagem automática e da inteligência artificial para a otimização em tempo real dos parâmetros de flotação.
3. Novos projetos de células: Desenvolvimento contínuo de células de flotação especificamente concebidas para a flotação de partículas grosseiras.
4. Regimes de reagentes melhorados: Desenvolvimento de conjuntos de reagentes adaptados à flotação de partículas grossas.

Como a indústria mineira continua a enfrentar desafios com minérios de menor qualidade e mineralogia mais complexa, os conhecimentos fornecidos pela investigação sobre o Fluxo de Área Superficial de Bolhas e a flotação de partículas grossas podem revelar-se cruciais no desenvolvimento da próxima geração de tecnologias de processamento de ouro eficientes, eficazes e sustentáveis.

1.7. Implicações ambientais e económicas

A otimização do Fluxo da Área Superficial da Bolha (Sb) para a flotação de partículas grossas, particularmente no processamento de ouro, tem implicações ambientais e económicas significativas. Uma melhor recuperação das partículas grossas de ouro pode levar a fluxogramas simplificados, reduzindo potencialmente a necessidade de cianetação intensiva dos concentrados de flotação. Isto pode resultar em reduções substanciais no consumo de cianeto em algumas operações, proporcionando benefícios ambientais e económicos.

Além disso, a capacidade de flutuar eficazmente as partículas mais grosseiras abre novas possibilidades para os métodos de recuperação in situ. Tecnologias emergentes, como a mineração no fundo do mar, cujo objetivo é recuperar minerais do fundo do mar, dependem fortemente da flotação eficiente de partículas grossas. A otimização do Sb nestas novas aplicações pode ser a chave para a sua viabilidade económica. Os benefícios ambientais estendem-se à conservação da água e da energia. Ao reduzir a necessidade de moagem fina, não só o consumo de energia é reduzido, como também o uso de água pode ser substancialmente reduzido. Isto é particularmente importante em muitos países com escassez de água
regiões mineiras onde a conservação da água é uma preocupação premente.

1.8. Modelação e dinâmica de fluidos computacional

O estudo do Sb no contexto da flotação de partículas grosseiras de ouro cruza-se com o campo crescente da dinâmica de fluidos computacional (CFD) no processamento de minerais. As simulações CFD tornaram-se cada vez mais sofisticadas, permitindo aos investigadores e engenheiros modelar fluxos multifásicos complexos em células de flotação com um pormenor sem precedentes. Estas ferramentas computacionais, quando associadas a dados experimentais sobre o Sb e o desempenho da flotação, oferecem meios poderosos para otimizar a conceção das células e as condições de funcionamento (Fig. 1.3).

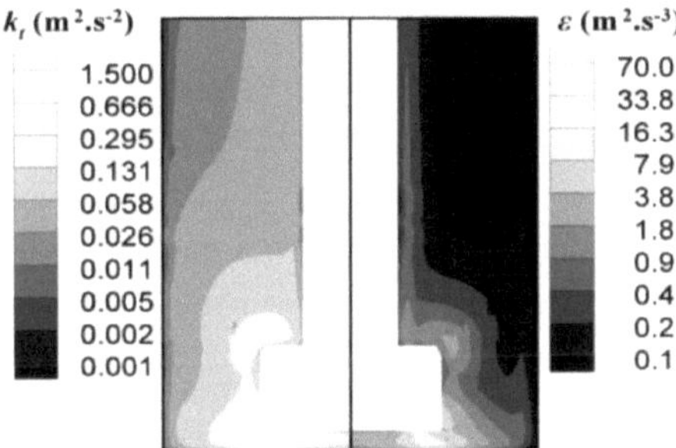

Figura 1.3. Modelação CFD da energia cinética kt e da sua taxa de dissipação ε na célula de flotação (Mirgaux et al., 2009)

Considerações sobre o tamanho das partículas

A relação entre Sb e o tamanho da partícula não é linear, e esta não linearidade torna-se particularmente pronunciada para partículas grossas. Para partículas maiores que 100 µm, a constante da taxa de flotação não aumenta proporcionalmente com o Sb, como acontece com as partículas mais finas. Esta descoberta tem implicações significativas para a conceção de circuitos de flotação que lidam com partículas de ouro grosseiras, sugerindo que o simples aumento de Sb pode não ser suficiente para melhorar a recuperação das fracções de tamanho mais grosseiro.

Considerações sobre a forma das partículas

Outra consideração importante no contexto da flotação de ouro grosso é o papel da forma das partículas (Fig. 1.4). Ao contrário de muitos outros minerais, as partículas de ouro podem exibir uma ampla gama de formas devido à sua maleabilidade. As partículas escamosas ou em forma de placa (comuns em alguns minérios de ouro) comportam-se de forma diferente das partículas esféricas com o mesmo diâmetro equivalente. Este efeito de forma interage com o Sb de forma complexa, exigindo potencialmente ajustes às estratégias convencionais de otimização do Sb.

A caraterização da forma das partículas pode ser efetivamente conseguida através de técnicas avançadas de processamento de imagem, semelhantes às utilizadas na Fig. 1.4. Estas análises permitem a quantificação de vários parâmetros de forma, como o rácio de aspeto, a circularidade e a redondeza. Ao empregar sistemas de imagem de alta resolução associados a software sofisticado de análise de imagem, é possível obter distribuições detalhadas da forma das partículas de ouro na alimentação da flotação. Esta informação pode ser crucial para compreender como a forma das partículas influencia as interações bolha-partícula e, consequentemente, como afecta a otimização do Sb.

Por exemplo, o processamento de imagens pode revelar a proporção de partículas de ouro escamosas versus partículas de ouro mais esféricas, permitindo aos operadores ajustar os parâmetros de flotação em conformidade. Os dados obtidos a partir destas análises podem ser integrados em modelos de otimização de Sb, conduzindo potencialmente a previsões mais precisas do desempenho da flotação para minérios com morfologias variáveis de partículas de ouro. Esta integração da análise da forma com a otimização de Sb representa uma abordagem mais holística à flotação de ouro grosso, tendo em conta a complexa interação entre a geometria das partículas e o fluxo da área de superfície das bolhas.

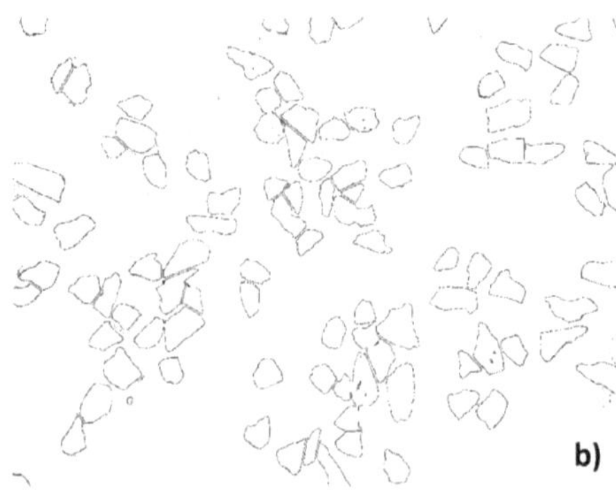

Figura 1.4. Determinação da circularidade das partículas, a) Imagem binária b) Identificação do limite das partículas (Shahbazi B., 2013)

1.9. Flotação em coluna e Sb

O conceito de Sb também encontrou aplicações no domínio da flotação em coluna, que registou um interesse renovado na recuperação de partículas grosseiras. Trabalhos recentes alargaram este conceito a aplicações de partículas grosseiras, descobrindo que, ao manipular o Sb através de um controlo cuidadoso das taxas de fluxo de gás e dos mecanismos de geração de bolhas, a flotação em coluna pode ser eficazmente aplicada a partículas até 500 μm de tamanho, uma gama particularmente relevante para muitos minérios de ouro.

1.10. Desenvolvimento de reagentes e Sb

No domínio do desenvolvimento de reagentes, a interação entre colectores, espumantes e Sb é uma área de investigação em curso. Certos tipos de espumantes podem modificar a relação entre a taxa de flotação e o Sb, permitindo potencialmente uma flotação efectiva com valores de Sb mais baixos do que seria possível. Esta descoberta tem particular relevância para a flotação de ouro grosso, onde a manutenção da estabilidade da espuma, ao mesmo tempo que proporciona uma área de superfície de bolha suficiente para a fixação de partículas, é um desafio fundamental.

O desenvolvimento de novos colectores com maior seletividade para partículas grosseiras é outra área de investigação ativa. Estes novos reagentes têm como objetivo melhorar a eficiência de fixação das partículas de ouro grosseiras às bolhas, mesmo com valores de Sb inferiores aos tradicionalmente necessários.

1.11. Inteligência Artificial e Aprendizagem Automática

À medida que olhamos para o futuro, é provável que o papel da inteligência artificial (IA) e da aprendizagem automática na otimização do Sb e do desempenho da flotação aumente. Foi demonstrado o potencial dos algoritmos de aprendizagem profunda para prever e otimizar o desempenho da flutuação com base numa vasta gama de dados, incluindo o Sb. Estas abordagens baseadas em IA, combinadas com tecnologias de deteção avançadas, prometem permitir a otimização adaptativa e em tempo real dos circuitos de flotação.

1.12. Desafios e direcções futuras da investigação

Apesar dos avanços na compreensão e aplicação do Sb na flotação de ouro grosso, permanecem vários desafios:

1. Questões de aumento de escala: Transposição das descobertas laboratoriais e à escala-piloto sobre a otimização do Sb para operações industriais à escala real.
2. Minérios complexos: Desenvolvimento de estratégias para minérios com mineralogia e caraterísticas de libertação variáveis.
3. Integração de processos: Integrar eficazmente a flotação optimizada para Sb em fluxogramas de processamento mineral mais amplos.
4. Sustentabilidade: Equilibrar a melhoria da recuperação com considerações ambientais e económicas.

1.13. As futuras direcções de investigação podem incluir

1. Desenvolvimento de técnicas avançadas de medição in-situ de Sb em células de flotação industriais.
2. Investigação adicional da interação entre o Sb e outros parâmetros-chave de flotação em sistemas de partículas grossas.
3. Exploração de novas concepções de células que possam manter valores óptimos de Sb, minimizando o consumo de energia.
4. Integração da otimização do Sb com outras tecnologias emergentes no processamento de minerais, como a cominuição assistida por micro-ondas ou a biolixiviação.

O conceito de Fluxo de Área de Superfície de Bolhas (Sb) surgiu como uma ferramenta poderosa para compreender e otimizar os processos de flotação, particularmente para a flotação de partículas grossas no processamento de ouro. À medida que a indústria mineira continua a enfrentar desafios com minérios de menor qualidade, mineralogia mais complexa e a necessidade de uma maior sustentabilidade, os conhecimentos fornecidos pela investigação sobre Sb podem revelar-se cruciais para o desenvolvimento da próxima geração de

tecnologias de recuperação de ouro eficientes, eficazes e amigas do ambiente.
Ao fornecer uma estrutura unificada para analisar a dispersão de gás na flotação, a Sb permitiu avanços significativos na conceção de células, desenvolvimento de reagentes e controlo de processos. A aplicação deste conceito à flotação de ouro grosso abriu novas possibilidades para melhorar a recuperação, reduzir o consumo de energia e minimizar o impacto ambiental.
À medida que a investigação neste domínio continua a evoluir, integrando conhecimentos de modelação computacional, inteligência artificial e técnicas de medição avançadas, podemos esperar mais inovações na flotação de ouro em bruto. Estes desenvolvimentos não só aumentarão a eficiência das operações existentes, como também poderão permitir o processamento económico de recursos de ouro anteriormente inviáveis.
A jornada de compreensão e otimização do Fluxo de Área de Superfície de Bolhas na flotação de ouro grosso está longe de terminar. Ela representa um campo de pesquisa dinâmico e empolgante, com potencial para impactar significativamente o futuro do processamento mineral e contribuir para práticas de mineração mais sustentáveis.

1.14. Tecnologias emergentes e o seu impacto na otimização do Sb

À medida que o campo do processamento mineral continua a evoluir, várias tecnologias emergentes estão a mostrar-se promissoras para melhorar a nossa capacidade de otimizar o Fluxo de Área de Superfície de Bolhas (Sb) para a flotação de ouro grosso:

A) Técnicas avançadas de imagiologia

As imagens de alta velocidade e a velocimetria de rastreio de partículas (PTV) estão a fornecer informações sem precedentes sobre as interações bolha-partícula nas células de flotação. Estas técnicas permitem aos investigadores observar e quantificar diretamente o comportamento das partículas grosseiras de ouro em relação ao Sb em várias condições de funcionamento. Por exemplo, Wang et al. (2020) utilizaram câmaras de alta velocidade para estudar os processos de fixação e desprendimento de partículas grosseiras numa célula de flotação especialmente concebida, fornecendo dados valiosos para a otimização do Sb.

B) Nanotecnologia em Flotação

A aplicação da nanotecnologia em reagentes de flotação é uma área de investigação interessante que poderá ter um impacto significativo na otimização do Sb. As nanopartículas podem ser projetadas para se ligarem seletivamente às superfícies de ouro, potencialmente aumentando a hidrofobicidade das partículas grossas de ouro e melhorando sua resposta de flotação, mesmo com valores mais baixos de Sb. Li et al. (2019) demonstraram que as nanopartículas de sílica funcionalizadas com grupos tiol podem melhorar a recuperação de partículas grossas de ouro em até 15% em comparação com os coletores convencionais.

C) Dispositivos microfluídicos para rastreio de reagentes

Os dispositivos microfluídicos estão a ser utilizados para selecionar rapidamente reagentes de flotação e estudar as interações bolha-partícula a um nível microscópico. Esses dispositivos permitem testes de alto rendimento de várias combinações de reagentes e seus efeitos no desempenho de Sb e flotação. Oliveira et al. (2018) usaram uma célula de flotação microfluídica para estudar o impacto de diferentes tipos de espumante na distribuição e estabilidade do tamanho das bolhas, fornecendo informações valiosas para a otimização de Sb na flotação de partículas grossas.

D) Dimensionamento de bolhas acústicas

Os métodos acústicos para medir a distribuição do tamanho das bolhas nas células de flotação estão a ganhar força devido à sua capacidade de fornecer medições em tempo real e não invasivas. Estas técnicas podem potencialmente permitir a monitorização e o controlo contínuos de Sb em células de flotação industriais. Meng et al. (2021) demonstraram a utilização de um medidor acústico de bolhas para a medição online das distribuições de tamanho de bolhas numa coluna de flotação à escala piloto, permitindo a otimização de Sb em tempo real.

1.15. Integração da otimização de Sb com outras técnicas de separação

A otimização do Sb na flotação de ouro grosso está a ser cada vez mais considerada no contexto de circuitos integrados de processamento de minerais. Algumas áreas promissoras de integração incluem:

A) Concentração por gravidade e flotação

A combinação de métodos de concentração por gravidade com flotação optimizada em Sb pode melhorar potencialmente a recuperação global de ouro numa vasta gama de tamanhos. Por exemplo, os concentradores centrífugos podem ser utilizados para recuperar as partículas de ouro mais grosseiras, enquanto a flotação com Sb optimizado pode recuperar as fracções mais finas.

Koppalkar et al. (2017) demonstraram que essa abordagem integrada pode aumentar a recuperação geral de ouro em até 10% em comparação com a flotação isolada.

B) Triagem e flotação baseadas em sensores

A pré-concentração de minérios de ouro utilizando técnicas de triagem baseadas em sensores antes da flotação pode potencialmente reduzir a variabilidade na alimentação do circuito de flotação, permitindo uma otimização mais consistente do Sb. Robben et al. (2020) mostraram que a implementação da triagem por transmissão de raios X (XRT) antes da flotação pode melhorar a eficiência geral da recuperação de ouro grosso.

C) Lixiviação e Flotação

Para alguns minérios de ouro complexos, uma combinação de lixiviação e flotação pode ser benéfica. Nesses casos, a otimização de Sb para a fase de flotação tem de ser considerada no contexto do fluxograma global. Marsden et al. (2016) propuseram um processo em que o ouro grosso é recuperado por flotação com Sb optimizado, seguido de lixiviação intensiva do concentrado de flotação, resultando numa melhor recuperação global do ouro e na redução do consumo de cianeto.

1.16. Considerações económicas sobre a otimização do Sb

Embora os benefícios técnicos da otimização do Sb para a flotação de ouro em bruto sejam claros, as implicações económicas são igualmente importantes. Algumas das principais considerações económicas incluem:

A) Custos de capital

A implementação de células de flotação avançadas ou a modificação das células existentes para um melhor controlo do Sb pode exigir um investimento de capital significativo. No entanto, estes custos têm de ser ponderados em relação aos potenciais benefícios de uma melhor recuperação e de custos de funcionamento reduzidos.

B) Custos operacionais

A otimização do Sb pode levar à redução dos requisitos de moagem e, potencialmente, a um menor consumo de reagentes, o que pode reduzir significativamente os custos operacionais. No entanto, a utilização de reagentes especializados ou de sistemas de controlo avançados para a otimização do Sb pode anular algumas destas poupanças.

C) Aumento das receitas

A melhoria da recuperação de partículas grossas de ouro através da otimização do Sb pode levar a um aumento das receitas, particularmente para as operações de processamento de minérios de baixo teor, onde pequenas melhorias na recuperação podem ter um impacto substancial na rentabilidade.

D) Mitigação de riscos

Ao melhorar a eficiência e a consistência da recuperação do ouro, a otimização do Sb pode ajudar a mitigar os riscos associados à volatilidade do preço do ouro e à crescente complexidade do minério.

1.17. Sustentabilidade e otimização de Sb

A indústria mineira está cada vez mais concentrada em melhorar o seu perfil de sustentabilidade, e a otimização do Sb na flotação de ouro grosso pode contribuir para este objetivo de várias formas:

A) Eficiência energética

Ao permitir a flotação de partículas mais grossas, a otimização do Sb pode reduzir a energia necessária para a moagem, que é normalmente um dos processos mais intensivos em energia no processamento de minerais.

B) Conservação da água

Uma melhor recuperação das partículas grossas pode levar a uma redução do consumo de água no processo global, uma vez que se perde menos água para os rejeitos finos.

C) Utilização de produtos químicos

A otimização do Sb pode potencialmente conduzir a uma utilização mais eficiente dos reagentes de flotação, reduzindo a pegada química global da operação.

D) Utilização do solo

A recuperação mais eficiente do ouro em todas as fracções de tamanho pode prolongar a vida das operações existentes e reduzir a necessidade de novos desenvolvimentos mineiros, minimizando a perturbação do solo.

A otimização do Fluxo da Área Superficial das Bolhas (Sb) na flotação de ouro grosso representa uma fronteira na investigação e na prática do processamento mineral. Oferece o potencial para melhorar significativamente a recuperação de ouro, reduzir o consumo de energia e água e aumentar a sustentabilidade global das operações de extração de ouro.

À medida que continuamos a aprofundar a nossa compreensão das complexas interações entre o Sb, as caraterísticas das partículas e o desempenho da flotação, podemos esperar mais inovações na conceção de células, no desenvolvimento de reagentes e nas estratégias de controlo de processos. A integração de técnicas de medição avançadas, modelação computacional e inteligência artificial promete permitir uma otimização mais precisa e adaptável do Sb em ambientes industriais.

No entanto, a realização de todo o potencial da otimização do Sb exigirá uma abordagem holística que considere não só os aspectos técnicos, mas também as implicações económicas e de sustentabilidade. Dado que a indústria mineira enfrenta uma pressão crescente para melhorar o seu desempenho ambiental e, ao mesmo tempo, manter a rentabilidade, os conhecimentos adquiridos com a investigação sobre Sb podem revelar-se cruciais para o desenvolvimento da próxima geração de tecnologias de recuperação de ouro eficientes, eficazes e sustentáveis.

A jornada de compreensão e otimização do Fluxo de Área Superficial de Bolhas na flotação de ouro grosso é contínua, representando um campo de investigação dinâmico e excitante com potencial para ter um impacto significativo no futuro do processamento mineral e contribuir para práticas mineiras mais sustentáveis.

1.18. Direcções e desafios da investigação futura

À medida que olhamos para o futuro da otimização do Fluxo de Área Superficial de Bolhas (Sb) na flotação de ouro grosso, várias áreas-chave emergem como prioridades para mais investigação e desenvolvimento:

A) Modelação em várias escalas

O desenvolvimento de modelos abrangentes que possam prever com precisão o desempenho da flotação com base no Sb em diferentes escalas - desde interações individuais bolha-partícula até células industriais à escala real - continua a ser um desafio significativo. A investigação futura deve centrar-se na integração de simulações a nível molecular, modelos à mesoescala de interações bolha-partícula e modelos CFD à macroescala de células de flotação. Esta abordagem multi-escala poderá proporcionar uma compreensão mais completa do modo como o Sb afecta o desempenho da flotação em diferentes escalas operacionais.

B) Estratégias avançadas de controlo de processos

Embora tenham sido feitos progressos significativos na implementação de sistemas de controlo em tempo real para circuitos de flotação, ainda há espaço para melhorias nas estratégias de controlo baseadas em Sb. A investigação futura poderá centrar-se no desenvolvimento de algoritmos de controlo mais sofisticados, capazes de se adaptarem à alteração das caraterísticas do minério e às condições do processo. Isto pode envolver a integração de técnicas de aprendizagem automática com métodos tradicionais de controlo de processos para criar sistemas de controlo mais robustos e reactivos.

C) Novas tecnologias de geração de bolhas

Os métodos actuais de geração de bolhas em células de flotação podem não ser ideais para a flotação de partículas grosseiras. A investigação de novas tecnologias de geração de bolhas que possam produzir bolhas com distribuições de tamanho específicas e propriedades de superfície adaptadas a partículas de ouro grosseiras pode levar a melhorias significativas no desempenho da flotação. Isto pode incluir a exploração da utilização de geradores de bolhas microfluídicos ou métodos electroquímicos de produção de bolhas.

D) Química Interfacial à Nanoescala

Uma compreensão mais profunda da química interfacial entre as partículas de ouro, as bolhas e a fase aquosa à nanoescala poderá conduzir a avanços na conceção de colectores e espumas. As técnicas avançadas de caraterização da superfície, como a microscopia de força atómica (AFM) in situ e a espetroscopia Raman de superfície melhorada (SERS), poderão fornecer novos conhecimentos sobre os mecanismos de ligação bolha-partícula e o papel do Sb neste processo.

E) Auxiliares de Flotação de Bioengenharia

A utilização de moléculas de bioengenharia como auxiliares de flutuação é uma área emergente de investigação que poderá ter implicações significativas na otimização do Sb. Por exemplo, proteínas ou péptidos artificiais podem ser concebidos para se ligarem seletivamente a superfícies de ouro e aumentarem a sua hidrofobicidade. Esta abordagem bio-inspirada poderia conduzir a processos de flotação mais eficientes e amigos do ambiente.

F) Integração com tecnologias de pré-tratamento

É necessária mais investigação sobre a forma como as várias tecnologias de pré-tratamento (por exemplo, tratamento por micro-ondas, condicionamento eletroquímico) podem ser integradas na flotação optimizada com Sb para melhorar a recuperação global do ouro. Estes métodos de pré-tratamento podem potencialmente modificar as propriedades da superfície das partículas de ouro ou minerais associados de forma a aumentar a eficácia da otimização do Sb.

G) Lixiviação e Flotação In-Situ

A exploração do potencial de combinação de técnicas de lixiviação in-situ com flotação optimizada poderá abrir novas possibilidades para o processamento de minérios de ouro de baixo teor ou complexos. A investigação nesta área poderia centrar-se na forma como a otimização do Sb pode ser aplicada no contexto de um processo combinado de lixiviação-flotação.

A otimização do Fluxo de Área Superficial de Bolhas (Sb) na flotação de ouro grosso representa uma fronteira no processamento mineral que é muito promissora para melhorar a recuperação de ouro, reduzir o impacto ambiental e melhorar a sustentabilidade global das operações de extração de ouro. À medida que continuamos a avançar na nossa compreensão da complexa interação entre o Sb, as caraterísticas das partículas e o desempenho da flotação, podemos esperar ver mais inovações na conceção de células, no desenvolvimento de reagentes e nas estratégias de controlo do processo.

O futuro da otimização do Sb na flotação de ouro grosso será provavelmente caracterizado por uma maior integração de tecnologias avançadas, desde a engenharia de reagentes à escala nanométrica até aos sistemas de controlo de toda a fábrica impulsionados pela inteligência artificial. Esta abordagem multidisciplinar, que combina conhecimentos de campos tão diversos como a dinâmica de fluidos, a química de superfícies, a biotecnologia e a ciência dos dados, tem o potencial de revolucionar o processamento do ouro. No entanto, a concretização deste potencial exigirá esforços concertados para enfrentar os desafios da implementação, do aumento de escala e da justificação económica. À medida que avançamos, a colaboração contínua entre a academia, a indústria e os fornecedores de tecnologia será crucial para impulsionar a inovação e superar os desafios que temos pela frente. Ao alargar os limites do que é possível na flotação de ouro grosso através da otimização do Sb, temos a oportunidade não só de melhorar a eficiência da recuperação de ouro, mas também de contribuir para o desenvolvimento de práticas mineiras mais sustentáveis e responsáveis. A jornada de compreensão e otimização do Fluxo de Área de Superfície de Bolhas na flotação de ouro bruto está longe de terminar. Representa um campo de investigação dinâmico e empolgante com potencial para ter um impacto significativo no futuro do processamento mineral e contribuir para os objectivos mais amplos da extração sustentável de recursos no século XXI.

CAPÍTULO 2
FUNDAMENTOS DO FLUXO DA ÁREA SUPERFICIAL DAS BOLHAS

2.1. Introdução

O Fluxo de Área de Superfície de Bolhas (Sb) surgiu como um parâmetro crítico na flotação de espuma, oferecendo uma medida unificada de dispersão de gás que se correlaciona fortemente com a cinética de flotação (Shahbazi et al., 2016). Esse conceito, introduzido pela primeira vez por Gorain et al. (1997), revolucionou nossa compreensão do papel da fase gasosa nos processos de recuperação mineral. O Sb encapsula a complexa interação entre a distribuição do tamanho das bolhas, a taxa de fluxo de gás e a geometria da célula de flotação em um único parâmetro mensurável.

Definido como a área de superfície total das bolhas que sobem através de uma área de secção transversal unitária de uma célula de flotação por unidade de tempo, Sb é matematicamente expresso como:

$Sb = 6Jg / d32$	(2-1)

Em que Sb é o fluxo de área superficial da bolha (1/s), Jg é a velocidade superficial do gás (m/s) e d32 é o diâmetro médio da bolha de Sauter (m).

A importância do Sb reside na sua forte correlação com a constante da taxa de flotação (k), uma relação que tem sido amplamente estudada e validada em vários sistemas minerais. Esta correlação é tipicamente descrita pela equação:

$k = P \times Sb \times Rf$	(2-2)

Onde P é o parâmetro de flutuabilidade que depende das propriedades do minério e das condições químicas, e Rf é o fator de recuperação da espuma (Finch et al., 2000).

O parâmetro de flutuabilidade P engloba as propriedades físico-químicas do sistema mineral-bolha, incluindo o tamanho, a forma, a densidade e a hidrofobicidade das partículas, bem como a eficiência dos processos de colisão e fixação bolha-partícula. O fator de recuperação de espuma Rf representa a eficiência da transferência de partículas da polpa para o concentrado através da fase de espuma.

O conceito de Sb fornece uma estrutura poderosa para analisar e otimizar o desempenho da flotação. Ao consolidar vários aspectos da dispersão de gás num único parâmetro, o Sb oferece uma abordagem mais holística para compreender a cinética da flotação em comparação com medidas individuais, como a retenção de gás ou o tamanho das bolhas.

A relação entre Sb e o desempenho da flotação está enraizada nos princípios fundamentais das interações bolha-partícula. Valores mais altos de Sb geralmente correspondem a frequências de colisão bolha-partícula mais altas, o que pode levar a uma melhor recuperação mineral. No entanto, esta relação não é estritamente linear e é influenciada por vários factores, incluindo a distribuição do tamanho das partículas, as caraterísticas da libertação de minerais e as condições hidrodinâmicas dentro da célula de flotação. Em aplicações industriais, a medição e o controlo de Sb tornaram-se aspectos cruciais da otimização do circuito de flotação. As técnicas avançadas de medição in situ do tamanho das bolhas, associadas a sistemas precisos de controlo do fluxo de gás, permitem a monitorização e o ajuste do Sb em tempo real.

Esta capacidade abriu novos caminhos para o controlo e otimização do processo, particularmente no contexto de caraterísticas variáveis do minério e das condições operacionais. O conceito de Sb também provou ser valioso no aumento de escala dos processos de flotação, desde a escala laboratorial até à escala industrial. A relação Sb-k demonstrou ser válida para diferentes tamanhos e designs de células, fornecendo uma base robusta para prever o desempenho em escala industrial a partir de testes em escala de bancada.

Este capítulo tem como objetivo fornecer uma exploração abrangente dos princípios fundamentais subjacentes ao Fluxo de Área Superficial de Bolhas na flotação de espuma. Iremos aprofundar os fundamentos teóricos do Sb, examinando a sua relação com outros parâmetros-chave da flotação e o seu papel em diferentes fases do processo de flotação. O capítulo abordará os métodos de medição e controlo do Sb em laboratório e na indústria, e discutirá as implicações da otimização do Sb para diferentes sistemas minerais. Além disso, exploraremos os recentes avanços na nossa compreensão do Sb, incluindo a sua aplicação na modelação da dinâmica de fluidos computacional (CFD) de células de flotação e o seu papel no desenvolvimento de novas tecnologias de flotação. Ao fornecer uma base completa sobre os fundamentos do Sb, este capítulo estabelece os alicerces para os tópicos e aplicações mais avançados que serão discutidos nos capítulos seguintes. À medida que navegamos por esses conceitos, fica claro que o domínio dos princípios do Fluxo de Área Superficial de Bolhas é crucial para o avanço no campo da flotação de espuma. Com a indústria mineira a enfrentar desafios cada vez maiores em termos de complexidade do minério e requisitos de sustentabilidade, os conhecimentos fornecidos pela Sb oferecem um caminho para processos de recuperação mineral mais eficientes, eficazes e amigos do ambiente.

2.2. Factores que afectam a eficiência da flotação

2.2.1. Parâmetros hidrodinâmicos

A eficiência da flotação de espuma pode ser influenciada por vários parâmetros hidrodinâmicos. A turbulência na fase pulverulenta pode desempenhar um papel crucial nas interações partículas-bolhas. Parâmetros adimensionais como o número de Reynolds, o número de Weber e o número de Froude podem ser utilizados para caraterizar as condições de fluxo nas células de flotação (Tabela 2.1). O tamanho superior das partículas pode ser um parâmetro importante na operação de flotação e a diminuição acentuada da resposta à flotação quando o tamanho das partículas se aproxima desse limite pode ser um fenómeno bem conhecido. Nos concentradores de flotação modernos, a dimensão das partículas pode ser frequentemente medida e controlada.

Um estudo que investigasse a dependência dos parâmetros hidrodinâmicos adimensionais na variação do tamanho das partículas de quartzo utilizando uma célula de flotação mecânica de laboratório poderia ter produzido resultados interessantes.

Tabela 2.1. Parâmetros adimensionais em Flotação (Schubert, 2008)

Parâmetro	Definição	Significado
Número de Reynolds	$Re = \rho ND^2/\mu$	Caracteriza o regime de escoamento
Número Weber	$Nós = \rho N^2D^3/\sigma$	Relaciona as forças de inércia com a tensão superficial
Número de Froude	$Fr = N^2D/g$	Relaciona as forças de inércia com as forças gravitacionais
Em que ρ é a densidade do fluido, N é a velocidade do impulsor, D é o diâmetro do impulsor, μ é a viscosidade do fluido, σ é tensão superficial, e g é a aceleração gravitacional.		

Shahbazi et al (2008), investigaram o efeito dos parâmetros hidrodinâmicos adimensionais na flotação de partículas grossas (Fig. 2.1). A resposta máxima de flotação poderia ter sido observada em Re = 89800, Fr = 2,4 e We = 1558. Para condições mais quiescentes (Re < 73500 e Fr < 1,61) ou mais turbulentas (Re > 106200 e Fr > 3,35), a recuperação da flotação pode ter diminuído constantemente. Em condições hidrodinâmicas mais quiescentes, a menor recuperação pode ter sido devida à incapacidade do impulsor de manter as partículas em suspensão corretamente. Em contraste, em condições mais turbulentas, a rutura de agregados de partículas/bolhas pode ter sido intensamente observada.

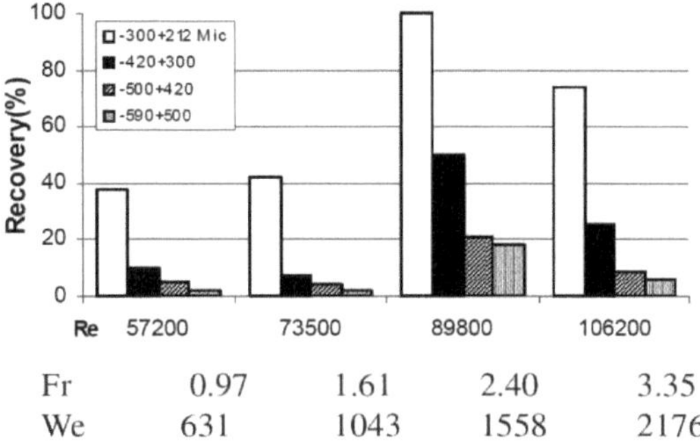

Fig. 2.1. Resposta de flotação de partículas de quartzo vs. parâmetros hidrodinâmicos adimensionais (Re, Fr e We) a vários caudais de ar Shahbazi et al (2008)

Além disso, o estudo pode ter calculado as probabilidades de colisão utilizando várias equações. De acordo com esta investigação, o aumento da dimensão das partículas ou da velocidade do impulsor pode ter conduzido a um aumento da probabilidade de colisão, enquanto o aumento do caudal de ar pode ter resultado numa diminuição da probabilidade de colisão. Estes resultados podem sugerir que a otimização dos parâmetros hidrodinâmicos pode ser crucial para uma flotação eficiente de partículas grosseiras, salientando potencialmente a importância de um controlo cuidadoso dos níveis de turbulência e das condições de fluxo nas células de flotação.

2.2.2. Factores da máquina

Os factores da máquina, incluindo a conceção do impulsor e a configuração dos deflectores, afectam significativamente a hidrodinâmica e, consequentemente, o desempenho da flotação. O tipo e a velocidade do impulsor influenciam a dispersão do gás e a distribuição do tamanho das bolhas (Deglon et al., 2000).

2.2.3. Hidrodinâmica de espuma

A hidrodinâmica da espuma, incluindo a distribuição do tamanho das bolhas, a retenção de gás e a velocidade superficial do gás, influenciam diretamente o Sb. A relação entre esses parâmetros e o desempenho da flotação tem sido amplamente estudada (Yianatos et al., 2001).

2.2.4. Caraterísticas das partículas

As propriedades das partículas, como o tamanho, a densidade, a forma e as caraterísticas da superfície (por exemplo, o ângulo de contacto) afectam significativamente a eficiência da flotação. Estas propriedades influenciam as probabilidades de interação partícula-bolha e, consequentemente, a cinética global da flotação (Ralston et al., 1999).

2.3. Componentes da eficiência da flotação

A eficiência global de recolha (E) na flotação pode ser expressa como:

$E = Ec \times Ea \times (1 - Ed)$	(2-3)

Onde Ec é a eficiência de colisão, Ea é a eficiência de fixação e Ed é a eficiência de desprendimento (Derjaguin e Dukhin, 1961).

2.3.1. Eficiência de colisão (Ec)

Foram desenvolvidos vários modelos para prever a eficiência da colisão, incluindo o modelo de Sutherland e o modelo de Yoon-Luttrell. Estes modelos consideram factores como as dimensões das partículas e das bolhas e as condições de escoamento (Yoon e Luttrell, 1989).

2.3.2. Eficiência de fixação (Ea)

A eficiência da fixação é influenciada pelas propriedades da superfície das partículas, pelo tempo de indução e pelo tempo de deslizamento das partículas nas superfícies das bolhas. A relação entre a eficiência da fixação e o ângulo de contacto tem sido amplamente estudada (Scheludko et al., 1976).

2.3.3. Eficiência do destacamento (Ed)

O desprendimento é mais significativo para partículas grossas e é afetado pela turbulência na polpa, pelo tamanho e densidade das partículas e pelo número de Bond. Modelos para prever a eficiência do desprendimento foram propostos por pesquisadores como Schulze (1977) e Bloom e Heindel (2002).

2.4. Métodos de medição

Foram desenvolvidos vários métodos para medir o Sb, cada um com as suas próprias vantagens e limitações. A comparação dos métodos de medição de Sb é ilustrada no Quadro 2.2.

Tabela 2.2. Comparação dos métodos de medição de Sb			
Método	Princípio	Vantagens	Limitações
APBS	Imagem direta	Distribuição pormenorizada do tamanho das bolhas	Invasivo, pode perturbar a hidrodinâmica local
Medidor de bolhas UCT	Imagiologia direta em câmara de cunha	Menos invasivo, vasta gama de tamanhos de bolhas	Pode subestimar bolhas muito pequenas
ERT	Medição da condutividade	Distribuição não invasiva e 3D da retenção de gás	Processamento de dados complexo, medição indireta de Sb
Espectrometria acústica	Análise da propagação do som	Não invasivo, vasta gama de tamanhos de bolhas	Interpretação de dados complexa, afetada por sólidos
Difração laser	Análise de dispersão de luz	Medição rápida, ampla gama de tamanhos	Requer populações de bolhas diluídas
Análise do fluxo de deriva	Relação entre retenção de gás e velocidade	Aplicável a células à escala industrial	Método indireto, requer múltiplas medições

A. Medidor de bolhas da Anglo Platinum (APBS)

Este método envolve a medição direta da distribuição do tamanho das bolhas e da velocidade de subida. É introduzido um tubo de amostragem na célula de flotação, através do qual as bolhas sobem para uma câmara de visualização onde são fotografadas por uma câmara de alta velocidade (Fig. 2.1).

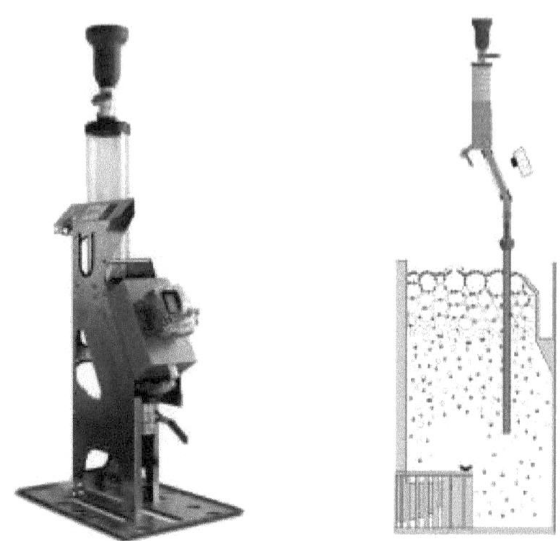

Figura 2.1. Medidor de Bolhas de Platina da Anglo (APBS) (Gomez et al., 2001)

B. Medidor de bolhas UCT

Desenvolvido na Universidade da Cidade do Cabo, este método utiliza uma câmara de visualização em forma de cunha para a obtenção de imagens das bolhas. É menos invasivo do que o APBS e adequado para uma vasta gama de tamanhos de bolhas (Deglon et al., 1999).

C. Tomografia de resistência eléctrica (ERT):

Este método não invasivo mede as alterações da condutividade local devido à retenção de gás. São colocados vários eléctrodos à volta da célula de flotação e a condutividade é medida a alta frequência (Fig. 2.2).

Figura 2.2. O sistema de medição da tomografia de resistência eléctrica ligado à célula de flotação (Jari Kourunen et al. 2011)

D. Espectrometria de bolhas acústicas:

Esta técnica utiliza a propagação do som através do meio borbulhante. Os sinais acústicos são enviados através da polpa de flotação, e o tamanho da bolha é inferido a partir da atenuação do som e da velocidade da fase.

E. Técnicas de difração laser:

Estes métodos analisam o padrão de dispersão da luz laser que passa através do enxame de bolhas. Um feixe de laser é dirigido através de um volume de amostragem e o padrão de difração é analisado para determinar a distribuição do tamanho das bolhas (O'Connor et al., 1990).

F. Análise do fluxo de deriva:

Este método utiliza a relação entre a retenção de gás e a velocidade superficial do gás. A retenção de gás é medida a várias velocidades superficiais do gás e Sb é calculada a partir da inclinação do gráfico do fluxo de deriva (Banisi e Finch, 1994).

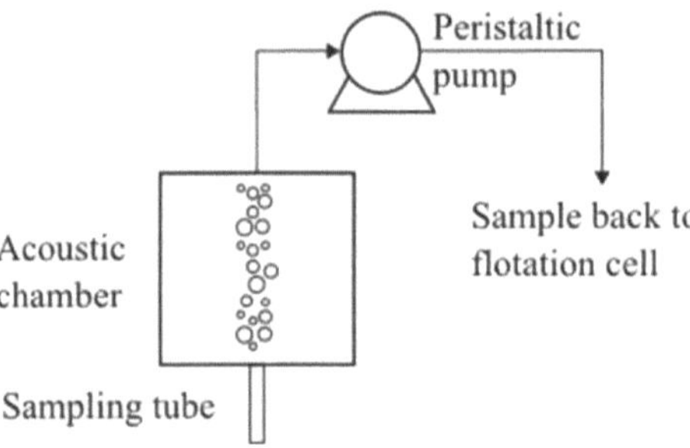

Figura 2.2. Câmara acústica com transdutores (W. Kracht, C. Moraga, 2016)

2.5. Desafios e direcções futuras

A medição exacta de Sb apresenta vários desafios, incluindo variações espaciais dentro das células de flotação, flutuações temporais no tamanho das bolhas e retenção de gás, e dificuldades nas medições perto da interface polpa-fundo (Schwarz e Alexander, 2006). As direcções de investigação futuras incluem:

- Desenvolvimento de técnicas de medição in situ e em tempo real para aplicações industriais.

-Integração de medições de Sb com algoritmos de aprendizagem automática para otimização de processos (McCoy e Auret, 2019).

-Melhorar a compreensão da relação entre o Sb e o desempenho da flotação para minérios complexos (Wang et al., 2016).

-Exploração do impacto de novas tecnologias de flotação, como as nanobolhas, no Sb e na cinética de flotação.

O Fluxo de Área Superficial de Bolhas (Sb) provou ser um parâmetro crucial na compreensão e otimização dos processos de flotação de espuma. A sua forte correlação com a cinética da flotação torna-o uma ferramenta valiosa para a conceção, aumento de escala e otimização do processo. À medida que as técnicas de medição continuam a melhorar e a nossa compreensão das interações complexas nos sistemas de flotação se aprofunda, é provável que o Sb desempenhe um papel cada vez mais importante no avanço da tecnologia de processamento de minerais.

CAPÍTULO 3
HIDRODINÂMICA DA FLOTAÇÃO DE PARTÍCULAS GROSSAS

3.1. Introdução

A capacidade de recuperar rapidamente minerais valiosos do circuito de flotação oferece inúmeras vantagens, tais como a redução do tempo de flotação e o aumento da recuperação de minerais valiosos. A recuperação de partículas grosseiras nos métodos de flotação convencionais é um desafio, na medida em que as múltiplas modificações introduzidas nos sistemas de flotação convencionais para a recuperação de partículas grosseiras de carvão, metais preciosos e minerais industriais tiveram um sucesso limitado. Os parâmetros hidrodinâmicos das partículas que afectam o processo de flotação incluem a gravidade específica, a forma, as caraterísticas da superfície (molhabilidade e rugosidade) e o tamanho. O tamanho das bolhas, o tempo de residência das bolhas na célula de flotação, a resistência e a espessura da película de bolhas são caraterísticas hidrodinâmicas importantes da espuma. Para estudar o comportamento das partículas grossas na fase de espuma da célula de flotação, é necessário examinar o impacto dos parâmetros dinâmicos acima mencionados na destruição da película de bolhas. A estrutura da espuma influencia a recuperação das partículas e, para determinar a estrutura da espuma em qualquer posição na célula de flotação, é necessário determinar factores como o tamanho das bolhas, a espessura da película de bolhas, o tempo de permanência das bolhas na célula de flotação, a retenção de gás e a velocidade das bolhas. Cada vez que a espessura da película de bolhas em contacto com uma partícula é calculada, a interação entre a partícula e a película de bolhas deve ser considerada. Para este efeito, podem ser imaginados três cenários: Primeiro, se a espessura da película for superior ao tamanho da partícula, esta é transportada ao longo das linhas de fluxo dentro das películas de bolhas, penetrando nas películas de bolhas sem causar qualquer afinamento ou rutura da bolha de ar. Em segundo lugar, se a película de bolhas em contacto com a partícula se rompe porque a sua espessura é inferior à espessura crítica, é necessário efetuar um balanço de forças sobre a partícula para determinar se a película líquida pode reter a partícula e transferi-la para uma nova posição na fase de espuma. Em terceiro lugar, ocorre o processo de afinamento da película e, durante este tempo de afinamento, a partícula é transportada ao longo das linhas de fluxo para uma nova posição na espuma. Em todos os três casos, ao prever a direção e a velocidade do movimento das partículas na espuma, podem ser calculadas as linhas de fluxo da fase de espuma. Dois importantes parâmetros físicos e tecnológicos que determinam a capacidade de flutuação das partículas são os seus limites de tamanho superior e inferior. As partículas com energia cinética superior à sua energia de desprendimento das bolhas não flutuam. Por conseguinte, considerando a entrada de energia no sistema e a gravidade específica das partículas, pode ser determinado um tamanho máximo para a flutuabilidade de uma partícula. Por outras palavras, para criar uma ligação entre uma partícula e uma bolha, tem de ser fornecida uma energia mínima à pasta. Se a energia cinética das partículas for inferior à quantidade necessária para a fixação, a partícula não flutuará. Assim, existe uma limitação no tamanho máximo das partículas flutuantes, dependendo da energia fornecida ao sistema e da gravidade específica da partícula. O limite superior do tamanho das partículas depende da flutuação do agregado partícula-bolha e do tamanho da bolha. Em condições de turbulência, embora a energia de entrada afecte significativamente a eficiência do agregado partícula-bolha e a capacidade de formar uma fase bolha-partícula, as considerações hidrodinâmicas nas células de flotação mecânica têm sido largamente ignoradas, faltando informação precisa sobre a otimização da conceção geométrica das células com base em princípios hidrodinâmicos. Nos últimos anos, foi efectuada investigação para aumentar a capacidade de flotação de partículas grosseiras utilizando amostras de quartzo relativamente puro. Ao melhorar as condições hidrodinâmicas da polpa, a recuperação de partículas grossas aumentou. Para analisar e investigar as razões para o aumento da recuperação de partículas grossas, a eficiência da colisão de partículas e a fixação em bolhas de ar foi estudada usando Stokes, potencial e condições de fluxo intermediário.

3.2. Parâmetros hidrodinâmicos que afectam a flotação de partículas grossas

Os parâmetros hidrodinâmicos desempenham um papel crucial no processo de flotação e, ao examinar e determinar os seus valores óptimos, a eficiência da flotação pode ser aumentada. Os parâmetros hidrodinâmicos que afectam o processo de flotação podem ser examinados em vários aspectos, como a turbulência da pasta, os factores celulares, as caraterísticas da espuma e as propriedades das partículas. Por conseguinte, esta secção examinará cada um destes factores.

3.2.1. Turbulência da polpa

Geralmente, quanto menor for a energia necessária para dispersar as partículas na polpa, maior será a recuperação das partículas grossas. À medida que a turbulência da polpa aumenta, a eficiência de colisão das partículas com as bolhas de ar melhora, mas a eficiência de fixação das partículas às bolhas de ar diminui. Para as partículas grossas, o aumento da turbulência ambiental também aumenta a probabilidade de desprendimento das partículas das bolhas de ar, resultando numa diminuição significativa da eficiência da flotação e, consequentemente, da recuperação das partículas. Por conseguinte, é essencial determinar um intervalo ótimo para a velocidade do impulsor e a turbulência resultante para aumentar a eficiência da flotação. A turbulência maior na célula de flotação é aproximadamente igual ao diâmetro do recipiente, enquanto o tamanho da turbulência mais pequena (remoinho resultante da diferença de velocidade entre dois pontos próximos no fluido) é da ordem de alguns microns. A dimensão da turbulência mais pequena, ou micro-turbulência (λ), pode ser determinada com base na dissipação de energia no sistema, utilizando as seguintes relações (Fig. 3.1):

$\lambda 0=(v3/\varepsilon)$	(3.1)
$\varepsilon = Pi/m$	(3.2)

Onde ν é a viscosidade cinemática do fluido, ε é a taxa de dissipação de energia, P_i é a potência de entrada e m é a massa do fluido. Se forem consideradas as caraterísticas da micro-turbulência, λ é igual ao diâmetro do remoinho. Os estudos sobre a flotação de suportes revelaram que quanto mais próximo de zero for o valor de λ/dp (em que dp é o diâmetro das partículas), ou seja, quanto mais próximo o tamanho das micro-turbulências estiver do tamanho das partículas, maior será a taxa de recuperação.

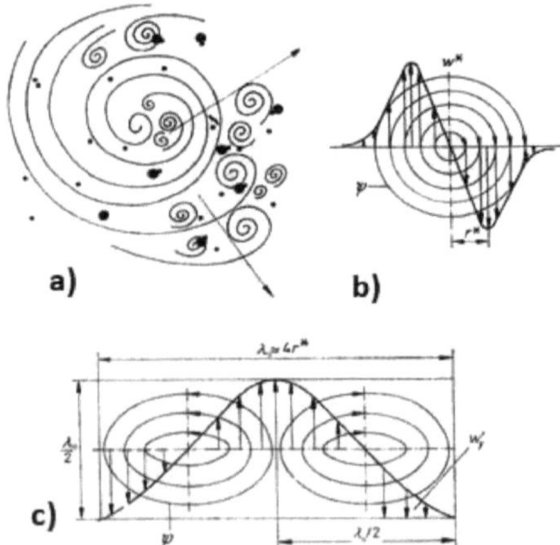

Figura 3.1. A estrutura do campo de turbulência a) Comportamento do agregado bolha-partícula num vórtice b) Vórtice único c) Campo de turbulência homogéneo (Schulze, H.J, 1984)

Uma forma de estudar a turbulência da polpa e as forças envolvidas no processo de ligação entre partículas e bolhas é usar parâmetros sem dimensão, como o número de Reynolds, o número de Froude, o número de Weber e outros. Estes parâmetros ajudam a caraterizar as condições de fluxo nas células de flotação e fornecem informações sobre as interações complexas entre partículas, bolhas e o fluido circundante.

Shahbazi e Rezai (2015), investigaram o efeito da micro turbulência na taxa de flotação de partículas de quartzo. O número de Reynolds máximo da partícula (Rep) foi obtido em 60,25 com um tamanho de partícula de -500+420 μm, velocidade do impulsor de 900 rpm, fluxo de área de superfície da bolha de 10,21 1/s e tamanho de turbulência em microescala de 162 μm. Quando o tamanho da micro turbulência era igual ao tamanho da partícula, a taxa máxima de flotação de partículas grossas (Rep>10) foi obtida a 1,47 1/min.

Ao compreender e otimizar estes factores relacionados com a turbulência, é possível aumentar a eficiência da flotação de partículas grosseiras, equilibrando a necessidade de turbulência suficiente para promover colisões entre partículas e bolhas, minimizando as forças de desprendimento que podem reduzir a recuperação.

3.2.2. Parâmetros da célula

A flotação é um processo cujo comportamento é examinado através de uma combinação de leis físicas e químicas. A ligação adequada entre bolhas e partículas é analisada usando parâmetros como a natureza química da superfície da partícula e parâmetros hidrodinâmicos (como o tamanho da bolha e da partícula, a energia de colisão partícula-bolha e a capacidade das partículas de se desprenderem das bolhas). Num ambiente turbulento, embora a energia de entrada afecte significativamente a eficiência do agregado bolha-partícula e a capacidade de formar uma fase bolha-partícula, as considerações hidrodinâmicas das células têm sido largamente ignoradas até agora.

A investigação mostra que, para a silvite de grão grosso, os impulsores que dispersam as partículas com menos energia de entrada obtêm uma recuperação mais elevada. Para um impulsor específico, a diminuição da distância entre o impulsor e o fundo do tanque reduz efetivamente a energia de entrada necessária para a dispersão de partículas sólidas, resultando numa melhor recuperação. O efeito da distância entre as pás do impulsor (do tipo Rushton) no desempenho da flotação também é importante. A investigação mostra que, ao colocar as pás a uma distância igual a um quarto do diâmetro do tanque, a potência necessária para a dispersão de partículas diminui, resultando numa maior recuperação de partículas grossas. Para estudar a eficiência da flotação de partículas grossas, foi também utilizado um tipo de impulsor que cria um fluxo ascendente na célula. Foram utilizados vários destes tipos de impulsores em vez dos impulsores do tipo Rushton.

A) Efeito dos deflectores

Os deflectores são instalados verticalmente junto às paredes laterais das células de flotação ou dos tanques de preparação. Estes deflectores são utilizados para evitar a turbulência da pasta no interior do tanque. Sem estes deflectores, as partículas sólidas deslocam-se em direção às paredes laterais do tanque, e o seu comportamento nestas condições é semelhante ao das partículas num ambiente de centrifugação. O número destes deflectores na maioria dos depósitos é inferior a três, podendo ser utilizado um máximo de quatro deflectores num depósito. Para impulsores do tipo RT, à medida que a distância entre o deflector e a parede lateral do tanque aumenta, a potência necessária para a dispersão de partículas sólidas diminui. Resultados semelhantes foram obtidos para os impulsores do tipo PTU na investigação efectuada. De um modo geral, pode dizer-se que a distância entre os deflectores tem pouco efeito na eficiência da flotação.

B) Efeito dos impulsores

Os impulsores, através do seu movimento de rotação, provocam a dispersão das partículas sólidas na polpa e, ao criarem e distribuírem bolhas finas, proporcionam a oportunidade de colisão entre partículas e bolhas. Os tipos de rotores (impulsores) e estatores utilizados nas células de flotação são ilustrados na Fig. 3.2. Os impulsores dividem-se em duas categorias com base na forma como criam o fluxo: radial e axial. Os impulsores axiais criam um fluxo ascendente na polpa, enquanto os radiais não têm essa capacidade. Uma vez que o diâmetro dos impulsores PTU é maior do que o dos impulsores RT, se os impulsores PTU tiverem especificações geométricas semelhantes às dos RT, necessitam de menos potência de entrada. A investigação mostra que os impulsores maiores têm um melhor desempenho na dispersão de partículas sólidas.

Para cada sistema, existe uma gama óptima de velocidade do impulsor na qual a eficiência da flotação aumenta significativamente. Nj é a velocidade mínima que um impulsor necessita para dispersar todas as partículas sólidas na fase líquida. Embora o papel de Nj na recuperação de partículas grosseiras não tenha sido mencionado, espera-se que a velocidade óptima do impulsor esteja relacionada com Nj porque, a velocidades inferiores a esta, não se espera que as partículas

não dispersas sejam expostas a bolhas. Por conseguinte, na gama óptima, a recuperação aumenta inicialmente com o aumento da velocidade do impulsor e depois diminui. Por outras palavras, a recuperação mais elevada é normalmente obtida a uma velocidade ligeiramente superior àquela a que as partículas estão dispersas.
Para as turbinas PTU, a melhor recuperação é obtida com uma potência inferior às condições de Nj. Isto deve-se ao facto de que, a velocidades superiores a Nj's, a potência de entrada aumenta excessivamente e, portanto, o aumento da colisão bolha-partícula é acompanhado por um aumento do seu desprendimento. Para os impulsores RT, obtém-se um resultado diferente, de tal forma que com um aumento da potência de entrada para um nível superior ao de Nj, a taxa de fixação bolha-partícula torna-se maior do que o seu desprendimento.
A fixação de bolhas de partículas é calculada com a energia de colisão de partículas e a energia de colisão de partículas é calculada com a distribuição de energia local. O desprendimento de bolhas de partículas é calculado de forma semelhante pela distribuição de energia local. Sob condições específicas, o consumo de energia local num tanque diminui rapidamente com a distância do impulsor. Nas células de flotação, o consumo de energia em torno da área do impulsor é normalmente 5 a 30 vezes superior ao seu valor médio. Quando o ar está completamente disperso na polpa, a distribuição do consumo de energia local depende praticamente da velocidade do impulsor, mas depende fortemente do tipo de impulsor e da geometria do tanque.
Para as partículas grossas flutuantes, o elevado consumo de energia em torno da área do impulsor permite a fixação de partículas e bolhas nessa área. Os impulsores PTU distribuem a energia de forma mais uniforme na célula em comparação com os impulsores RT. O fluxo ascendente da polpa provoca um maior consumo de energia local na parte superior da polpa, pelo que com este tipo de impulsor não existe uma zona de estagnação acima da célula, e se os impulsores RT forem colocados mais perto do fundo da célula, esta situação torna-se ainda mais pronunciada. Quando o impulsor opera a uma maior profundidade na polpa, estabelecem-se mais condições de estagnação na parte superior da polpa, pelo que é previsível que o desprendimento de partículas das bolhas diminua e se criem condições para atingir uma maior recuperação.
Ao duplicar a altura da célula, obtém-se uma melhor recuperação e esta aumenta com o aumento do volume da célula, uma vez que o menor consumo de energia na parte superior da pasta conduz a uma maior recuperação.

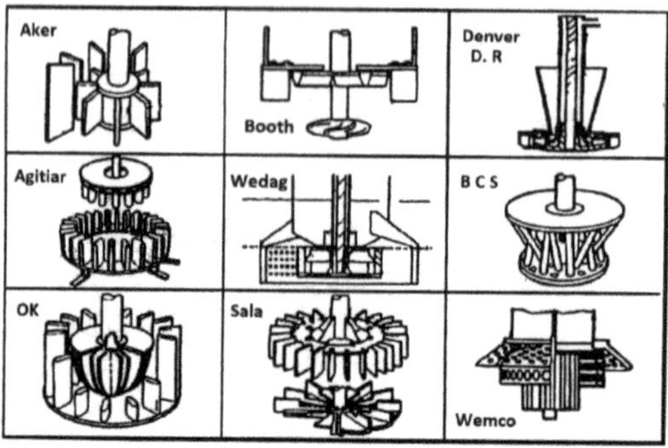

Figura 3.2. Tipos de rotores e estatores utilizados nas células de flotação (Rezai B. e Shahbazi B., 2013)

3.2.3. Caraterísticas da espuma

Entre os parâmetros hidrodinâmicos que afectam a eficiência da flotação de partículas grosseiras, podem referir-se o tamanho e a velocidade de subida das bolhas de ar. A velocidade do impulsor e a taxa de arejamento da célula são alguns dos factores que influenciam o tamanho das bolhas de ar, bem como a sua velocidade de subida. A determinação da distribuição do tamanho e da velocidade de subida das bolhas de ar permite uma melhor interpretação dos resultados da flotação em várias condições hidrodinâmicas. Alguns dos parâmetros relacionados com a identificação do estado da espuma nas células de flotação são os seguintes

A) Diâmetro da bolha de ar

Para determinar o diâmetro das bolhas de ar, é utilizado o parâmetro d_{32} (Sauter mean diameter), que representa o diâmetro médio das bolhas:

$d32 = \Sigma(ni \times di^3) / \Sigma(ni \times di^2)$	(3-3)

Onde ni é o número e di é o diâmetro das bolhas de ar. O diâmetro médio é utilizado para calcular os parâmetros hidrodinâmicos da flotação, bem como o Sb (fluxo da área de superfície das bolhas).

B) Velocidade do gás superficial

A velocidade superficial do gás (Jg) é um parâmetro adequado que pode ser utilizado para comparar células com diferentes áreas de secção transversal. A velocidade superficial do gás é a relação entre o caudal volumétrico do gás e a área da secção transversal da célula e é obtida a partir da seguinte equação

$Jg = Qg / Ac$	(3-4)

Em que Qg é o caudal volumétrico do gás e Ac é a área da secção transversal da célula.

C) Retenção de gás

Quando o gás entra na célula, a polpa é deslocada. A fração volumétrica deslocada é chamada de retenção de gás (εg), e seu complemento é a retenção de polpa (1-εg).

D) Fluxo da área de superfície da bolha

A taxa de flotação está fracamente relacionada com o tamanho das bolhas, e esta relação melhora com a retenção de gás e a velocidade superficial do gás. A retenção de gás (a quantidade de ar por unidade de volume de polpa) tem uma correlação mais forte com a constante cinética de flotação em comparação com o tamanho da bolha. O efeito simultâneo da velocidade do gás superficial e do tamanho das bolhas de ar é avaliado pelo Fluxo de Área Superficial de Bolhas (Sb), que tem uma relação linear com a constante cinética de flotação. Fisicamente, Sb é igual à área de superfície das bolhas de ar que passam através de uma área de secção transversal unitária da célula por unidade de tempo. A constante da taxa de flotação (k) tem uma forte relação com Sb, indicando um aumento na área de superfície das bolhas de ar, o que leva a uma maior eficiência de colisão entre bolhas e partículas e, consequentemente, a um aumento na taxa de flotação. Essa relação tem aplicações importantes no aumento de escala da célula, modelagem e simulação de processos de flotação industrial, e desempenha um papel significativo na solução de problemas contínuos em plantas de processamento mineral. Para estimar a eficiência metalúrgica de uma célula, é necessário determinar o valor de Sb. Para determinar Sb, o tamanho da bolha e a velocidade superficial do gás na célula devem ser calculados, o que não é uma tarefa simples.

3.2.4. Caraterísticas das partículas

Parâmetros como a gravidade específica, a forma, as caraterísticas da superfície (molhabilidade, nitidez e rugosidade) e o tamanho desempenham papéis importantes na hidrodinâmica da flotação e na recuperação de partículas grosseiras. À medida que a gravidade específica das partículas aumenta, o limite superior da gama de tamanhos das partículas flutuáveis diminui. Isto deve-se ao facto de, com o aumento da densidade das partículas, a capacidade das bolhas

para reter e transferir partículas para a fase de espuma diminuir.
As caraterísticas da superfície das partículas, como o ângulo de contacto, também desempenham um papel significativo na recuperação de partículas grosseiras. À medida que o ângulo de contacto entre a bolha e a partícula aumenta, o limite superior da gama de tamanhos das partículas flutuantes também aumenta. Embora o ângulo de contacto não afecte a eficiência de colisão entre as partículas e as bolhas de ar, é um fator muito influente na eficiência de fixação das partículas às bolhas de ar. Com o aumento do ângulo de contacto, o tempo necessário para a fixação das partículas às bolhas de ar diminui e a eficiência da fixação das partículas às bolhas de ar aumenta.

CAPÍTULO 4
FLOTAÇÃO DE PARTÍCULAS DE OURO

4.1. Introdução

O ouro, com o seu valor duradouro e inúmeras aplicações, tem sido uma pedra angular da civilização humana durante milénios. Na era moderna, a extração de ouro de minérios cada vez mais complexos e de baixo teor representa um desafio significativo para a indústria mineira. Entre as várias técnicas de beneficiamento empregadas, a flotação de espuma destaca-se como um processo crítico na recuperação de ouro de uma grande variedade de tipos de minério. Este capítulo mergulha no intrincado mundo da flotação de partículas de ouro, explorando as caraterísticas únicas que influenciam o seu comportamento nos circuitos de flotação e o papel fundamental do fluxo da área de superfície das bolhas na otimização da recuperação. A jornada de uma partícula de ouro do minério ao concentrado é uma odisséia complexa, influenciada por uma infinidade de fatores que vão desde as propriedades inerentes da partícula até o ambiente projetado da célula de flotação. Compreender esta viagem é crucial para os engenheiros de processos e metalúrgicos que procuram maximizar a recuperação do ouro, mantendo a viabilidade económica e a sustentabilidade ambiental. No coração da flotação eficaz do ouro está o conceito de Fluxo de Área de Superfície de Bolha (Sb), um parâmetro que encapsula a essência do processo de flotação. O Sb, definido como a área de superfície das bolhas que sobem através de uma área de secção transversal unitária da célula de flotação por unidade de tempo, serve de ponte entre as interações microscópicas de partículas e bolhas e o desempenho macroscópico dos circuitos de flotação industrial. A otimização do Sb é a chave para melhorar as recuperações de ouro em vários tipos de minério e distribuições de tamanho de partículas. Este capítulo tem como objetivo fornecer uma exploração abrangente da flotação de partículas de ouro, com um foco particular no papel do Sb. Começamos por examinar as diversas formas em que o ouro ocorre na natureza e como essas formas influenciam o comportamento de flotação. De partículas de ouro nativas com sua hidrofobicidade inerente a associações complexas com sulfetos e teluretos, cada forma apresenta desafios e oportunidades únicas no processo de flotação.

À medida que nos aprofundarmos, iremos desvendar as intrincadas relações entre as caraterísticas das partículas, as condições hidrodinâmicas e o desempenho da flotação. O tamanho, a forma e as propriedades da superfície das partículas de ouro desempenham papéis cruciais na determinação da sua resposta à flotação. Iremos explorar a forma como estes factores interagem com a dinâmica das bolhas e como podem ser manipulados para melhorar a recuperação. O núcleo da nossa discussão centra-se no conceito de Fluxo de Área de Superfície de Bolha. Investigaremos como o Sb influencia as frequências de colisão, as eficiências de fixação e, por fim, a cinética de flotação. Através de uma combinação de modelos teóricos e estudos de casos práticos, demonstraremos o profundo impacto que a otimização do Sb pode ter nas taxas de recuperação de ouro e nos graus de concentrado. Além disso, este capítulo abordará os aspectos práticos da implementação de estratégias de otimização baseadas em Sb em ambientes industriais. Desde a seleção e dosagem de reagentes até à conceção de células e parâmetros operacionais, forneceremos informações sobre a forma como a compreensão teórica pode ser traduzida em melhorias tangíveis no desempenho da flotação. À medida que a indústria mineira enfrenta os desafios do processamento de minérios de baixo teor e mineralogias mais complexas, a importância das técnicas avançadas de flotação não pode ser exagerada. Este capítulo tem como objetivo dotar o leitor de uma compreensão profunda da flotação de partículas de ouro e das ferramentas necessárias para enfrentar estes desafios de frente. No final deste capítulo, os leitores terão adquirido não só uma compreensão teórica dos princípios de flotação de ouro, mas também conhecimentos práticos que podem ser aplicados a cenários do mundo real. Quer seja um estudante de processamento mineral, um engenheiro em exercício ou um investigador que está a alargar os limites da tecnologia de flotação, esta exploração da flotação de partículas de ouro e do papel do Fluxo de Área de Superfície de Bolhas promete fornecer conhecimentos valiosos e inspirar abordagens inovadoras à recuperação de ouro. Ao embarcarmos nesta exploração aprofundada, lembremo-nos que por detrás das equações e dos modelos está o objetivo final: a extração eficiente e sustentável de um dos metais mais apreciados pela humanidade. Através das lentes da ciência e da engenharia, descobriremos os segredos da flotação de partículas de ouro e abriremos caminho para a próxima geração de tecnologias de recuperação de ouro.

4.2. Caraterísticas das partículas de ouro que afectam a flotação

O ouro ocorre em vários estados nos minérios primários, cada um apresentando desafios e oportunidades distintas para a flotação. As formas primárias de ocorrência de ouro e suas implicações para a flotação estão resumidas na Tabela 4.1.O comportamento de flotação das partículas de ouro é influenciado por vários factores-chave:

1. Tamanho e forma das partículas: As partículas de ouro apresentam uma vasta gama de tamanhos, desde submicrónicos a vários milímetros. Marsden e House (2006) referiram que a gama de tamanhos óptima para a flotação é tipicamente entre 10-100 μm. As partículas mais grossas podem ser demasiado pesadas para uma fixação eficiente das bolhas, enquanto as partículas ultrafinas podem ter uma probabilidade de colisão insuficiente com as bolhas.

Tabela 4.1. Formas de ocorrência de ouro e suas caraterísticas de flotação

Forma do ouro	Caraterísticas	Implicações da flotação
Ouro nativo	Hidrofobicidade natural, frequentemente associada a sulfuretos	Diretamente flutuável, beneficia de colectores de sulfuretos
Ouro em pirite	Solução sólida ou finamente disseminada	Requer flotação de pirite, potencial para comportamento refratário
Ouro em Arsenopirite	Frequentemente refractária, fina-granulado	Flutuação difícil, pode exigir pré tratamento
Ouro em cobre Sulfuretos	Associado a calcopirite, bornite	Recuperável em circuitos de flotação de cobre
Teluretos de ouro	Raro, mas significativo em alguns depósitos	Estratégias específicas de flutuação necessárias

2. Propriedades da superfície: As partículas de ouro nativo apresentam frequentemente uma hidrofobicidade natural, que melhora a sua resposta à flotação. No entanto, o grau de hidrofobicidade pode ser afetado pela oxidação da superfície ou pela presença de revestimentos. Chryssoulis e McMullen (2005) demonstraram que mesmo uma ligeira oxidação da superfície pode reduzir significativamente a capacidade de flutuação do ouro.

3. Associações de minerais: A associação do ouro com outros minerais tem um impacto significativo no seu comportamento de flotação. Por exemplo:

- O ouro associado a sulfuretos (por exemplo, pirite, arsenopirite) requer frequentemente a flotação de sulfuretos a granel seguida de processamento adicional.
- O ouro em quartzo ou ganga silicatada pode exigir colectores específicos ou

um condicionamento mais intenso para obter uma recuperação adequada.

4. Caraterísticas de libertação: O grau de libertação das partículas de ouro da rocha hospedeira é crucial. Uma libertação incompleta pode resultar em partículas compostas com propriedades de superfície mistas, complicando o processo de flotação.

5. Caraterísticas cristalográficas: A orientação cristalográfica das partículas de ouro pode afetar as suas propriedades de superfície e, consequentemente, o seu comportamento de flotação. Feng e Aldrich (1999) observaram que certas faces cristalográficas do ouro exibem maior hidrofobicidade do que outras.

4.3. Efeito do fluxo da área de superfície da bolha na recuperação de ouro

O Fluxo de Área Superficial de Bolhas (Sb) desempenha um papel crucial na flotação de ouro. A Sb é definida como a área de superfície das bolhas que sobem através de uma área de secção transversal unitária da célula de flotação por unidade de tempo. O impacto do Sb na flotação do ouro pode ser entendido através de vários mecanismos:

1. Eficiência de colisão: Um Sb mais alto aumenta a probabilidade de colisão entre as partículas de ouro e as bolhas. Isso é particularmente importante para partículas finas de ouro, onde a eficiência da colisão é um fator limitante. Dai et al. (2000) demonstraram que, para partículas menores que 20 μm, o aumento de Sb levou a uma melhoria significativa na eficiência de colisão.
2. Eficiência de fixação: A hidrofobicidade natural do ouro beneficia do aumento da área de superfície das bolhas. Yoon e Mao (1996) mostraram que a eficiência de fixação é proporcional ao ângulo de contacto e inversamente proporcional ao tamanho da bolha, destacando a importância do Sb.
3. Estabilidade da espuma: Em minérios que não possuem minerais estabilizadores de espuma suficientes, a gestão de Sb é crucial para manter uma fase de espuma estável. Sb em excesso pode levar à instabilidade da espuma, enquanto Sb insuficiente pode resultar em desenvolvimento deficiente da espuma.
4. Cinética de recuperação: O Sb influencia diretamente a constante da taxa de flotação. Gorain et al. (1997):
5. Efeitos dependentes do tamanho: A relação entre Sb e recuperação varia com o tamanho das partículas de ouro.

4.4. Otimização do fluxo da área de superfície das bolhas para a flotação de ouro

A otimização do Sb para a flotação de ouro envolve uma abordagem multifacetada (Tabela 4.2):

1. Seleção e dosagem de reagentes:

Colectores: Escolha de colectores adequados (por exemplo, xantatos, ditiofosfatos) para aumentar a hidrofobicidade das partículas de ouro. Bulatovic (2007) apresentou uma análise exaustiva da seleção de colectores para vários minérios de ouro.

Espumantes: Seleção de espumantes que geram bolhas estáveis e mantêm o Sb ideal. Os espumantes à base de poliglicol mostraram-se particularmente promissores na flotação de ouro devido à sua capacidade de gerar bolhas finas e estabilizar a fase de espuma.

2. Conceção e funcionamento da célula:

Velocidade e conceção do impulsor: Ajustar para gerar tamanhos e distribuições de bolhas apropriados. Newell e Grano (2007) demonstraram que os impulsores de fluxo radial produzem geralmente valores mais elevados de Sb em comparação com os impulsores de fluxo axial.

Caudal de ar: Controlo para manter um Sb ótimo sem desestabilizar a espuma. Normalmente, as velocidades superficiais do gás na gama de 0,5-2 cm/s são utilizadas em células industriais de flotação de ouro.

3. Gestão da densidade da pasta:

Equilibrar a densidade da pasta para garantir interações suficientes entre partículas e bolhas sem impedir a formação de bolhas. As densidades óptimas da pasta para a flotação de ouro variam tipicamente entre 25-35% de sólidos por peso.

4. Controlo do pH:

Manutenção do pH ideal para melhorar a adsorção do coletor no ouro e nos minerais que contêm ouro, gerindo simultaneamente a depressão da ganga. Para minérios de ouro associados a sulfuretos, o pH é normalmente mantido no intervalo de 8-11 para deprimir a pirite e promover a flotação de sulfuretos mais valiosos.

5. Considerações sobre a temperatura:

Monitorizar e controlar a temperatura da pasta para manter um Sb consistente, uma vez que a temperatura afecta a coalescência das bolhas e a solubilidade do gás. Gontijo et al. (2007) observaram que o aumento da temperatura geralmente leva a um aumento de Sb devido à redução da coalescência das bolhas.

6. Configuração do circuito:

Conceção de circuitos de flotação em várias fases com objectivos variáveis de Sb para as fases de desbaste, de limpeza e de depuração. Uma configuração típica pode envolver um Sb mais elevado nas células de desbaste para maximizar a recuperação, com um Sb mais baixo nas fases de limpeza para aumentar o grau.

7. Distribuição do tamanho das bolhas:

Implementação de tecnologias para gerar bolhas finas para uma melhor recuperação de partículas de ouro ultrafinas. As tecnologias de microbolhas e nanobolhas têm-se mostrado promissoras na melhoria da recuperação de partículas de ouro finas e ultrafinas. Fan et al. (2010) demonstraram que a utilização de nanobolhas na flotação de ouro pode aumentar a recuperação em até 15% para partículas menores que 10 μm.

8. Monitorização e controlo em linha:

Utilização de tecnologias de deteção avançadas para medição e controlo de Sb em tempo real. Os sistemas de visão artificial para análise de espuma, associados a sensores de tamanho de bolha, podem fornecer dados valiosos para a otimização do processo. Aldrich et al. (2010) desenvolveram um sistema que utiliza técnicas de análise de imagem para estimar o Sb em tempo real, permitindo o controlo dinâmico dos parâmetros de flotação.

Tabela 4.2. Estratégias para otimizar o Sb na flotação de ouro

Estratégia	Método	Impacto no Sb	Benefício potencial
Seleção do bocal	Utilização de poliglicol espumantes	Aumentar	Melhoria das partículas finas recuperação
Conceção do impulsor	Impulsores de alto cisalhamento	Aumentar	Bolha melhorada geração
Controlo do fluxo de ar	Fluxo de ar automatizado ajustamento	Afinação	Sb optimizado para alimentação variável
Geração de bolhas	Microbolha injeção	Aumentar	Colisão melhorada eficiência
Conceção da célula	Células de ar forçado	Aumentar	Melhor controlo de Sb

4.5. Tendências futuras na flotação de ouro

É provável que o futuro da flotação de ouro veja um foco contínuo na otimização do Sb, com várias tendências emergentes:

1. Modelação avançada: Desenvolvimento de modelos abrangentes que integram o Sb com outros parâmetros de flotação para controlo preditivo. Jovanović e

Miljanović (2015) propuseram um modelo baseado em redes neurais que incorpora Sb para otimização da flotação em tempo real.
2. Novas tecnologias de geração de bolhas: Investigação de novos métodos de geração de bolhas, como a electroflotação e a cavitação hidrodinâmica, que oferecem um controlo preciso do tamanho das bolhas e do Sb.
3. Práticas sustentáveis: Foco na redução do consumo de água e energia, mantendo o alto Sb. Farrokhpay (2011) destacou o potencial da flotação de alto Sb na redução do uso de água no processamento de minerais.
4. Integração com outras tecnologias: Combinação da flotação com outras técnicas de separação, como a triagem baseada em sensores ou a bioflotação, para melhorar a recuperação global do ouro.

4.6. Direcções de investigação futuras

Embora tenham sido feitos progressos significativos na compreensão e otimização do Sb para a flotação do ouro, há várias áreas que merecem uma investigação mais aprofundada:
1. Tecnologia de nanobolhas: A continuação da investigação sobre a geração e aplicação de nanobolhas na flotação de ouro poderá levar a avanços na recuperação de partículas finas.
2. Tecnologias avançadas de deteção: O desenvolvimento de sensores mais precisos e robustos para a medição de Sb em tempo real em ambientes industriais é crucial para um melhor controlo dos processos.
3. Inteligência artificial e aprendizagem automática: A integração de algoritmos de IA e ML para modelação preditiva e controlo de Sb poderá conduzir a processos de flutuação mais eficientes e adaptáveis.
4. Práticas sustentáveis: A investigação de métodos para manter um Sb elevado, reduzindo simultaneamente o consumo de água e energia, é essencial para o futuro das práticas mineiras sustentáveis.
5. Tipos de minérios complexos: À medida que os minérios de ouro se tornam cada vez mais complexos, a investigação sobre a otimização do Sb para minérios refractários e polimetálicos será crucial.
6. Estudos de aumento de escala: São necessários estudos mais abrangentes sobre o aumento de escala das estratégias de otimização do Sb, desde a escala laboratorial até à escala industrial, para colmatar o fosso entre a investigação e a aplicação.

CAPÍTULO 5
APLICAÇÕES INDUSTRIAIS E CONSIDERAÇÕES SOBRE O AUMENTO DE ESCALA

5.1. Introdução

A transição das experiências à escala laboratorial para a implementação à escala industrial representa um momento crítico no avanço da tecnologia de flotação. Este capítulo explora a aplicação do controlo do fluxo da área de superfície das bolhas (Sb) em células de flotação industriais, os desafios multifacetados encontrados durante o aumento de escala e estudos de caso esclarecedores de implementações industriais bem sucedidas. Ao navegarmos por estes tópicos, examinaremos a complexa interação entre a compreensão teórica e as soluções práticas, lançando luz sobre a forma como a indústria mineira se está a adaptar às exigências do processamento de minérios cada vez mais complexos através de técnicas de flotação avançadas. O conceito de fluxo da área de superfície das bolhas, introduzido por Gorain et al. (1997), revolucionou a nossa compreensão da cinética da flotação. Definido como a área de superfície das bolhas que sobem através de uma área de secção transversal unitária da célula de flotação por unidade de tempo, o Sb encapsula a essência da dispersão de gás nos processos de flotação. A sua aplicação industrial representa uma mudança de paradigma na otimização da flotação, fornecendo uma estrutura unificadora para uma abordagem mais holística do controlo da flotação.
Um dos principais obstáculos à implementação industrial é a medição exacta do Sb no ambiente dinâmico e frequentemente opaco das células de flotação industriais. Os recentes avanços nas tecnologias de medição, como o Anglo Platinum Bubble Sizer (APBS) desenvolvido por Gomez et al. (2001) e as técnicas de tomografia por resistência eléctrica (ERT) exploradas por Kourunen et al. (2011), abriram caminho para a monitorização do Sb em tempo real em ambientes industriais. Estas tecnologias, associadas a algoritmos de controlo sofisticados, constituem a espinha dorsal dos modernos sistemas de controlo de Sb. O processo de aumento de escala introduz uma miríade de complexidades não encontradas à escala laboratorial. As considerações hidrodinâmicas tornam-se primordiais, uma vez que os números de Reynolds nas células industriais podem ser ordens de grandeza superiores aos das configurações laboratoriais. Esta disparidade afecta as interações bolha-partícula, as taxas de coalescência e os padrões globais de dispersão do gás. O trabalho de Schubert (2008) sobre as leis de escala para os processos de flotação tem sido fundamental para colmatar esta lacuna, fornecendo um quadro teórico para traduzir as descobertas

laboratoriais para escalas industriais. A mistura e a distribuição de reagentes, que podem ser relativamente simples em testes laboratoriais, tornam-se factores críticos à escala. O trabalho de Grau e Heiskanen (2005) sobre os efeitos da mistura na cinética da flotação realça a importância de considerar estes factores nos projectos de aumento de escala. Outro aspeto crucial da implementação industrial é a integração do controlo de Sb nos sistemas de controlo de processos existentes. Os circuitos de flotação modernos são sistemas complexos e interligados, e a introdução do controlo de Sb deve ser perfeitamente integrada para maximizar os benefícios. O desenvolvimento de algoritmos de controlo preditivo de modelos (MPC), como demonstrado por Maldonado et al. (2007) em circuitos de flotação de cobre, representa um avanço significativo nesta área.
À medida que nos aprofundarmos neste capítulo, iremos explorar a forma como estas considerações teóricas se traduzem em soluções práticas. Examinaremos estudos de casos de diversas operações de processamento de minerais, incluindo cobre, ouro e metais do grupo da platina, cada uma apresentando desafios únicos e soluções inovadoras na implementação do controlo de Sb.
A aplicação industrial do controlo Sb não é apenas um desafio técnico, mas também um desafio humano. O sucesso destes sistemas depende frequentemente da aceitação e formação dos operadores. Discutiremos estratégias para uma implementação efectiva, com base em experiências de toda a indústria.
Além disso, olharemos para o futuro, explorando tendências emergentes como a integração da aprendizagem automática e da inteligência artificial em sistemas de controlo de Sb, o desenvolvimento de gémeos digitais para circuitos de flotação e o papel da otimização de Sb em práticas sustentáveis de processamento de minerais.
À medida que embarcamos nesta exploração de aplicações industriais e considerações de aumento de escala, é crucial lembrar que por detrás das equações e dos sistemas de controlo está o objetivo final: a extração eficiente e sustentável de minerais valiosos de minérios cada vez mais complexos. Através da lente do controlo do fluxo da área de superfície das bolhas, iremos descobrir os mecanismos intrincados que conduzem os processos de flotação à escala industrial, moldando o futuro do processamento de minerais.

5.2. Implementação do Controlo do Fluxo da Área de Superfície das Bolhas em Células de Flotação Industriais A implementação do controlo de Sb em células de flotação industriais representa um avanço significativo na otimização do processo. Esta secção explora as várias estratégias e tecnologias utilizadas para conseguir um controlo eficaz do Sb à escala industrial (Tabela 5.1).

5.2.1. Tecnologias de medição

A medição exacta do Sb é crucial para um controlo eficaz. Foram desenvolvidas várias tecnologias para aplicações industriais:

1. Sistemas Ópticos de Dimensionamento de Bolhas: Estes sistemas utilizam câmaras de alta velocidade e software de análise de imagem para medir a distribuição do tamanho das bolhas em tempo real. Por exemplo, o Anglo Platinum Bubble Sizer (APBS) foi implementado com sucesso em várias instalações industriais de flotação.
2. Tomografia de resistência eléctrica (ERT): Esta técnica não invasiva mede a distribuição da retenção de gás dentro da célula, permitindo a inferência de Sb.
3. Espectrometria acústica de bolhas: Este método utiliza ultra-sons para medir a distribuição do tamanho das bolhas e tem-se mostrado promissor em aplicações industriais devido à sua capacidade de funcionar em ambientes opacos.

Quadro 5.1. Comparação das tecnologias industriais de medição de Sb

Tecnologia	Princípio	Vantagens	Limitações
Bolha ótica Dimensionamento	Análise de imagens	Medição direta, elevada precisão	Necessita de janelas transparentes, pode ser afetada pela espuma
ERT	Elétrico condutividade	Não invasivo, funciona em pastas opacas	Medição indireta, requer calibração
Espectrometria acústica	Atenuação dos ultra-sons	Funciona em ambientes opacos, não invasivo	Interpretação de dados complexos

5.2.2. Estratégias de controlo

A implementação do controlo de Sb em células industriais envolve várias estratégias:

1. Controlo do caudal de ar: O ajuste do caudal de ar é o método mais direto de controlar o Sb. As células de flotação modernas estão equipadas com ventiladores de velocidade variável e válvulas de controlo avançadas para permitir um ajuste preciso do fluxo de ar.
2. Controlo da dosagem do bocal: O tipo e a dosagem do espumante têm um impacto significativo no tamanho e na estabilidade das bolhas. Sistemas automatizados de dosagem de espumante ligados a medições de Sb foram

implementados em várias fábricas.
3. Controlo da velocidade do impulsor: As unidades de velocidade variável nos agitadores de células permitem o ajuste da entrada de energia, o que afecta as taxas de quebra de bolhas e de coalescência.
4. Controlo do nível de células: A manutenção de um nível de célula ótimo é crucial para um Sb consistente. São utilizados sensores de nível e sistemas de controlo avançados para manter condições de funcionamento estáveis.

5.2.3. Sistemas de controlo avançados

A integração destas estratégias de medição e controlo envolve frequentemente sistemas de controlo sofisticados:
1. Controlo Preditivo de Modelos (MPC): Os algoritmos MPC utilizam modelos dinâmicos do processo de flotação para prever o comportamento futuro e otimizar as acções de controlo. As implementações em circuitos de flotação de cobre mostraram melhorias na recuperação e na estabilidade do grau.
2. Controlo por lógica difusa: Esta abordagem tem sido bem sucedida no tratamento da natureza não linear dos processos de flotação. Um estudo de Karr et al. demonstrou um melhor desempenho numa instalação de flotação de chumbo-zinco utilizando o controlo lógico difuso do Sb.
3. Controlo baseado em redes neuronais: As redes neurais artificiais têm sido utilizadas para desenvolver estratégias de controlo adaptativo para o Sb. Jovanović e Miljanović relataram uma implementação bem-sucedida em uma planta de flotação de cobre, resultando em um aumento de 2,5% na recuperação.

5.3. Desafios do aumento de escala do laboratório para a escala industrial

O aumento de escala dos processos de flotação, desde a escala laboratorial até à escala industrial, apresenta numerosos desafios, particularmente no que diz respeito à manutenção de um Sb ótimo em diferentes escalas.

5.3.1. Considerações hidrodinâmicas

Um dos principais desafios do aumento de escala é manter condições hidrodinâmicas semelhantes (Quadro 5.2):
1. Disparidade do número de Reynolds: As células industriais funcionam com números de Reynolds muito mais elevados do que as células de laboratório, o que afecta as interações bolha-partícula. Schubert (2008) propôs leis de escala para resolver esta disparidade.
2. Intensidade da turbulência: A distribuição da intensidade da turbulência varia significativamente entre as escalas laboratorial e industrial, afectando as taxas de

rutura de bolhas e de coalescência.
3. Profundidade da espuma: A manutenção de profundidades de espuma proporcionais pode ser um desafio, afectando a estabilidade da espuma e a drenagem.

Quadro 5.2. Desafios do aumento de escala e soluções potenciais		
Desafio	Descrição	Soluções potenciais
Número de Reynolds Disparidade	Re mais elevado em células industriais	Utilização de leis de escalonamento sem dimensão
Distribuição de turbulência	Turbulência não uniforme em grandes células	Modelação CFD para a conceção do impulsor
Estabilidade da espuma	Dificuldade em manter profundidade proporcional da espuma	Câmaras de espuma avançadas e sistemas de controlo
Dispersão de gás	Obtenção de gás uniforme dispersão em células grandes	Conceção melhorada do aspersor, múltiplos impulsores

5.3.2. Ambiente químico

A manutenção de um ambiente químico consistente em todas as escalas é crucial:

1. Mistura de reagentes: Conseguir uma distribuição uniforme dos reagentes é mais difícil em células de grandes dimensões. Foram desenvolvidos modelos avançados de mistura e sistemas de injeção para resolver este problema.
2. Química da polpa: As variações na química da pasta devido a efeitos de escala podem ter impacto na adsorção do coletor e nas interações bolha-partícula.
3. Qualidade da água: As operações industriais utilizam frequentemente água reciclada, introduzindo complexidades adicionais não presentes nos estudos laboratoriais.

5.3.3. Medição e controlo

A medição e o controlo exactos do Sb tornam-se mais difíceis à escala industrial:

1. Colocação do sensor: A colocação óptima dos sensores em células grandes para obter medições representativas é crucial.
2. Tempo de resposta: Os sistemas industriais têm tempos de resposta mais longos às acções de controlo, necessitando de estratégias de controlo preditivo.
3. Gestão de dados: O tratamento e a interpretação de grandes volumes de dados em tempo real provenientes de vários sensores apresentam desafios e oportunidades para o controlo avançado de processos.

A aplicação industrial do controlo do fluxo da área de superfície das bolhas representa um avanço significativo na tecnologia de flotação. Embora persistam desafios no aumento da escala laboratorial para a escala industrial, os estudos de caso apresentados demonstram os benefícios substanciais que podem ser alcançados através de uma implementação eficaz. A chave para o sucesso é uma abordagem holística que considere não só os aspectos técnicos da medição e controlo de Sb, mas também os factores humanos, a gestão de dados e a integração com os sistemas existentes. À medida que a tecnologia continua a evoluir, podemos esperar ver mais inovações neste campo, impulsionadas pelos avanços na tecnologia de sensores, inteligência artificial e um foco crescente no processamento sustentável. O futuro da flotação industrial reside em sistemas inteligentes e adaptáveis que podem otimizar o desempenho em tempo real, respondendo aos desafios em constante mudança da variabilidade do minério e das exigências do mercado. Ao continuar a aperfeiçoar a nossa compreensão e controlo do fluxo da área de superfície das bolhas, a indústria mineira pode esperar melhores recuperações, um impacto ambiental reduzido e uma utilização mais eficiente de recursos minerais valiosos.

CAPÍTULO 6
TECNOLOGIAS AVANÇADAS PARA MELHORAR AS INTERACÇÕES BOLHA-PARTÍCULA

6.1. Introdução

A eficiência da flotação de espuma, um processo fundamental na beneficiação de minerais, é fundamentalmente regida pelas interações complexas entre bolhas e partículas no ambiente de flotação. À medida que a indústria mineira se debate com corpos de minério cada vez mais exigentes, caracterizados por uma disseminação mais fina de minerais valiosos e associações mineralógicas mais complexas, a otimização destas interações bolha-partícula tornou-se um foco crítico de investigação e desenvolvimento tecnológico. Este capítulo analisa tecnologias e metodologias de ponta destinadas a melhorar estas interações, com especial ênfase em novas técnicas de geração de bolhas, modificação da superfície de partículas grosseiras e modificações hidrodinâmicas em células de flotação.

A física subjacente às interações bolha-partícula na flotação é multifacetada, envolvendo uma delicada interação de forças hidrodinâmicas, químicas de superfície e interfaciais. Na sua essência, o processo baseia-se na fixação selectiva de partículas hidrofóbicas a bolhas de ar, facilitada por uma sequência complexa de subprocessos: colisão, fixação e estabilidade contra o desprendimento. Cada um destes subprocessos é influenciado por uma miríade de factores, incluindo o tamanho e a densidade das partículas, o tamanho das bolhas e a velocidade de subida, a intensidade da turbulência e a química interfacial.

Tradicionalmente, a flotação tem sido mais eficaz para partículas na gama de tamanhos de aproximadamente 10-100 µm. No entanto, a mudança da indústria para o processamento de minérios de grau inferior e a necessidade de uma recuperação mais eficiente de partículas grosseiras alargaram os limites da tecnologia de flotação convencional. A recuperação de partículas fora deste intervalo de tamanho ótimo apresenta desafios únicos. As partículas finas, com a sua baixa inércia, lutam para ultrapassar a barreira hidrodinâmica à volta das bolhas, resultando em baixas eficiências de colisão. Por outro lado, as partículas grossas, embora beneficiem de probabilidades de colisão mais elevadas, enfrentam desafios na manutenção de ligações estáveis devido ao aumento das forças de desprendimento em condições de fluxo turbulento.

Os recentes avanços na tecnologia de geração de bolhas abriram novos caminhos para melhorar o desempenho da flotação num espetro mais alargado de tamanhos de partículas. O desenvolvimento de técnicas de geração de microbolhas e nanobolhas, por exemplo, mostrou-se promissor na melhoria da recuperação de partículas finas. Estas bolhas ultrafinas, normalmente com menos de 1 μm de diâmetro no caso das nanobolhas, apresentam propriedades únicas, como alta pressão interna, longos tempos de residência e a capacidade de gerar espécies radicais, revolucionando potencialmente a nossa abordagem à flotação de partículas finas.

Ao mesmo tempo, as inovações nas técnicas de modificação da superfície surgiram como uma ferramenta poderosa para melhorar a capacidade de flutuação de partículas finas e grossas. Os métodos avançados de hidrofilização, incluindo a utilização de novos colectores, revestimentos de nanopartículas e polímeros sensíveis à temperatura, oferecem um controlo sem precedentes sobre as propriedades da superfície das partículas. Estas técnicas não só aumentam a hidrofobicidade de minerais valiosos, como também fornecem vias para melhorar a seletividade em sistemas de minério complexos.

O ambiente hidrodinâmico dentro das células de flotação desempenha um papel crucial na determinação dos resultados da interação bolha-partícula. Nos últimos anos, registaram-se avanços significativos na conceção das células e nas técnicas de modificação do fluxo destinadas a otimizar estas condições hidrodinâmicas. As novas concepções de células, como a célula de flotação de leito fluidizado e os sistemas de grelha oscilante, mostraram-se promissoras no alargamento da gama de tamanhos de partículas eficazes para a flotação. Além disso, a modelagem sofisticada da dinâmica de fluidos computacional (CFD) permitiu uma compreensão mais detalhada dos padrões de turbulência e da dinâmica de colisão bolha-partícula nas células de flotação, informando o desenvolvimento de projetos otimizados de impulsor e estator.

Ao aventurarmo-nos nesta exploração de tecnologias avançadas para melhorar as interações bolha-partícula, é crucial reconhecer a natureza interdisciplinar destes desenvolvimentos. Os progressos neste domínio baseiam-se nos avanços da ciência dos materiais, da nanotecnologia, da dinâmica dos fluidos e da química das superfícies. Além disso, a integração destas tecnologias com campos emergentes, como a inteligência artificial e a aprendizagem automática, promete inaugurar uma nova era de sistemas de flotação inteligentes e adaptáveis, capazes de otimização em tempo real com base nas caraterísticas do minério e nos parâmetros operacionais.

Este capítulo tem como objetivo fornecer uma visão abrangente destas tecnologias de ponta, elucidando os seus princípios subjacentes, implementações práticas e potenciais impactos no futuro do processamento mineral. Ao examinar criticamente as oportunidades e os desafios associados a estes avanços, procuramos traçar um quadro holístico da paisagem em evolução da tecnologia de flotação de espuma. Ao navegarmos por estes tópicos, iremos explorar a forma como estas inovações não só abordam os actuais desafios da indústria, mas também preparam o caminho para práticas de processamento mineral mais eficientes, sustentáveis e adaptáveis no futuro.

6.2. Novas técnicas de geração de bolhas

Os métodos tradicionais de geração de bolhas nas células de flotação, que se baseiam principalmente na agitação mecânica e na injeção forçada de ar, têm limitações em termos de controlo do tamanho das bolhas e de eficiência energética. Os recentes avanços na tecnologia de geração de bolhas abriram novos caminhos para melhorar o desempenho da flotação.

6.2.1. Tecnologia de Microbolhas e Nanobolhas

As microbolhas (tipicamente 1-100 μm de diâmetro) e as nanobolhas (<1 μm) têm atraído uma atenção significativa devido às suas propriedades únicas e potencial para melhorar a eficiência da flotação, especialmente para partículas finas (Tabela 6.1).

Tabela 6.1. Comparação de bolhas convencionais, micro e nanobolhas na flotação

Tipo de bolha	Gama de tamanhos	Vantagens	Desafios
Convencional	600-2000 μm	Bem estabelecido tecnologia	Partículas finas limitadas recuperação
Microbolhas	1-100 μm	Aumento do número de bolhas-partículas colisão	Problemas de estabilidade
Nanobolhas	<1 μm	Área de superfície elevada, longa duradouro	Geração e dificuldades de medição

Fan et al. (2010) demonstraram que a utilização de nanobolhas na flotação de carvão pode aumentar a recuperação de partículas finas em até 15%. O mecanismo é atribuído ao aumento da eficiência da colisão bolha-partícula e à formação de agregados bolha-partícula. Os métodos de geração de micro e nanobolhas incluem (Tabela 6.2):

1. Cavitação hidrodinâmica: Etchepare et al. (2017) desenvolveram um sistema de cavitação hidrodinâmica que produz uma alta concentração de nanobolhas, levando a uma melhor cinética de flotação para partículas ultrafinas.
2. Electroflotação: Este método gera bolhas extremamente finas através da eletrólise. A electroflotação pode melhorar significativamente a recuperação de partículas finas de carvão em comparação com a flotação convencional.
3. Flotação por ar dissolvido (DAF): Embora tradicionalmente utilizados no tratamento de água, os sistemas DAF modificados mostraram-se promissores na flotação de minerais. Azevedo et al. (2016) demonstraram a eficácia do DAF na recuperação de partículas finas de fosfato.

6.2.2. Pico e Femtobolhas

A investigação recente aventurou-se em bolhas de dimensões ainda mais pequenas, explorando as pico (10^{-12} m) e as femtobolhas (10^{-15} m). Embora ainda nas fases iniciais da investigação, estas bolhas ultrafinas mostram potencial para melhorar a flotação de partículas ultrafinas e melhorar a seletividade da separação. Sobhy e Tao (2013) realizaram um trabalho pioneiro sobre picobolhas na flotação de carvão, demonstrando uma melhor agregação hidrofóbica e recuperação de partículas ultrafinas de carvão.

6.2.3. Geração de enxames de bolhas

Foram desenvolvidas abordagens inovadoras para gerar enxames de bolhas com distribuições de tamanho controladas (Quadro 6.2):
1. Oscilação fluídica: Zimmerman et al. (2011) introduziram um oscilador fluídico para gerar microbolhas, que se mostrou promissor em várias aplicações de flotação.
2. Dispositivos microfluídicos: um gerador de bolhas microfluídicas é capaz de produzir microbolhas monodispersas, oferecendo um controlo preciso da distribuição do tamanho das bolhas.

Tabela 6.2. Novas técnicas de geração de bolhas e suas aplicações			
Técnica	Princípio	Tamanho da bolha Gama	Principais vantagens
Cavitação hidrodinâmica	Pressão flutuações	De nano a micro	Elevado rendimento
Electroflotação	Eletrólise	20-70 μm	Controlo fino do tamanho das bolhas
Oscilação fluídica	Fluxo de ar oscilante	50-1000 μm	Eficiência energética
Dispositivos microfluídicos	Fluxo controlado em microcanais	1-100 μm	Bolhas monodispersas

6.3. Modificação da superfície de partículas grossas

O aumento da capacidade de flutuação das partículas grossas continua a ser um desafio significativo na flotação de espuma. Para resolver este problema, foram desenvolvidas técnicas avançadas de modificação da superfície.

6.3.1. Técnicas de hidrofilização

1. Flotação de suporte: Este método envolve a ligação de partículas hidrofóbicas finas à superfície de partículas grossas. Ahmadi et al. (2014) demonstraram a eficácia da flotação de suporte na recuperação de partículas grossas de cobre utilizando carvão fino como suporte.
2. Aglomeração de óleo: A combinação de aglomeração de óleo com flotação mostrou-se promissora para a recuperação de partículas grossas. Xia et al. (2017) relataram uma melhor recuperação de partículas grossas de carvão usando um processo de aglomeração-flotação de óleo.
3. Polímeros reactivos à temperatura: os investigadores introduziram a utilização de polímeros reactivos à temperatura para a hidrofobização selectiva de superfícies minerais, permitindo a fixação e o desprendimento controlados de partículas em bolhas.

6.3.2. Modificação da rugosidade da superfície

O aumento da rugosidade da superfície das partículas grossas pode melhorar a sua fixação às bolhas. Xing et al. (2017) demonstraram que o condicionamento químico das superfícies de quartzo pode melhorar significativamente a sua resposta à flotação.

6.3.3. Revestimentos de nanopartículas

A aplicação de revestimentos de nanopartículas a superfícies minerais surgiu como uma técnica promissora para aumentar a hidrofobicidade e a seletividade (Quadro 6.3):

1.Nanopartículas de sílica: Sobouti et al. (2023) mostraram que as nanopartículas de sílica funcionalizadas podem aumentar a hidrofobicidade das partículas grossas de calcopirite, levando a uma melhor recuperação.

2. Nanopartículas magnéticas: Li et al. (2020) desenvolveram um método que utiliza nanopartículas magnéticas para aumentar seletivamente a hidrofobicidade de minerais valiosos em minérios complexos.

6.4. Modificações Hidrodinâmicas em Células de Flotação

A otimização das condições hidrodinâmicas nas células de flotação é crucial para melhorar as interações bolha-partícula, especialmente para partículas grossas (Tabela 6.4).

Tabela 6.3. Técnicas de modificação da superfície para partículas grossas			
Técnica	Princípio	Principais vantagens	Desafios
Flutuação do transportador	Fixação da coima partículas hidrofóbicas	Recuperação melhorada de partículas grossas	Questões de seletividade
Óleo Aglomeração	Partículas induzidas por óleo agregação	Eficaz para hidrofóbicos minerais	Potencial ambiental preocupações
Temperatura-Polímeros reactivos	Hidrofobização controlada	Fixação/destacamento seletivo	Implementação complexa
Rugosidade da superfície Modificação	Aumento da área de superfície	Fixação de bolhas melhorada	Não seletivo

Revestimentos de nanopartículas	Induzida por nanopartículas hidrofobicidade	Elevado potencial de seletividade	Custo e escalabilidade

Tabela 6.4. Modificações hidrodinâmicas em células de flotação

Modificação	Princípio	Principais vantagens	Desafios
Leito Fluidizado Flotação	Suspensão de partículas em leito fluidizado	Tosco melhorado recuperação de partículas	Mais água consumo
Grelha oscilante Flotação	Turbulência controlada geração	Colisão melhorada eficiência	Mecânica complexidade
Pneumático Células de flotação	Mistura induzida pelo ar	Menor consumo de energia consumo	Potencial de grosseiros decantação de partículas
Eixo duplo Impulsores	Turbulência uniforme distribuição	Melhor partícula suspensão	Maior potência consumo
Estator optimizado Desenhos	Dispersão de gás melhorada	Bolha melhorada-colisões de partículas	Complexidade da conceção

6.4.1. Novas concepções de células

1. Flotação em leito fluidizado: A tecnologia HydroFloat™, desenvolvida pela Divisão de Flotação da Eriez, utiliza um leito fluidizado para melhorar a recuperação de partículas grossas. Awatey et al. (2014) demonstraram melhorias significativas na recuperação de partículas grossas usando esta tecnologia.
2. Flotação em grelha oscilante: os investigadores introduziram uma célula de flotação em grelha oscilante que cria uma turbulência controlada, aumentando as colisões bolha-partícula e minimizando o desprendimento de partículas grosseiras.
3. Células de Flotação Pneumática: Alternativas às células mecânicas, como a Imhoflot G- Cell desenvolvida pela Maelgwyn Mineral Services, utilizam sistemas de injeção de ar para criar condições hidrodinâmicas favoráveis à flotação.

6.4.2. Conceção do impulsor e do estator

Os avanços no design do impulsor e do estator levaram a uma melhor hidrodinâmica nas células de flotação:

1. Impulsores de eixo duplo: os impulsores de eixo duplo podem criar uma distribuição de turbulência mais uniforme, melhorando a suspensão de partículas grossas e as interações bolha-partícula.
2. Modificações no estator: Koh e Schwarz (2013) utilizaram a dinâmica de fluidos computacional (CFD) para otimizar as concepções do estator, o que resultou numa melhor dispersão do gás e taxas de colisão bolha-partícula.

6.4.3. Dispositivos de modificação do fluxo

A introdução de dispositivos de modificação do fluxo nas células de flotação tem-se revelado promissora na melhoria das interações bolha-partícula:

1. Geradores de vórtices: Goel e Jameson (2012) introduziram deflectores geradores de vórtices em colunas de flotação, resultando num aumento da turbulência e numa melhor recuperação de partículas finas.
2. Cercas de piquete: a instalação de estruturas de cerca de piquete nas células de flotação poderia aumentar as colisões bolha-partícula e reduzir o curto-circuito das partículas.

6.4.4. Gestão de enxames de bolhas

A gestão do comportamento dos enxames de bolhas nas células de flotação surgiu como uma área crítica para otimizar as interações bolha-partícula:

1. Controlo da Coalescência de Bolhas: Finch et al. (2008) investigaram a utilização de misturas específicas de espumantes para controlar a coalescência das bolhas, mantendo uma distribuição óptima do tamanho das bolhas em toda a célula de flotação.
2. Modificação da trajetória das bolhas: Sarhan et al. (2017) desenvolveram um sistema de placas inclinadas para modificar as trajectórias das bolhas, aumentando a probabilidade de colisões bolha-partícula.

6.5. Integração de tecnologias avançadas

Embora as tecnologias individuais sejam prometedoras, a integração de várias tecnologias avançadas produz frequentemente benefícios sinérgicos (Quadro 6.5):

6.5.1. Sistemas híbridos

1.Flotação de partículas grossas melhorada por nanobolhas: Fan et al. (2020) combinaram a geração de nanobolhas com técnicas de modificação da superfície para melhorar significativamente a recuperação de partículas grossas de carvão.
2. Híbrido de coluna e leito fluidizado: os investigadores desenvolveram um sistema híbrido que combina a tecnologia de leito fluidizado com a flotação tradicional por coluna, mostrando um melhor desempenho numa vasta gama de tamanhos de partículas.

6.5.2. Sistemas de flutuação inteligentes

A integração de tecnologias de deteção avançadas com novos sistemas de geração de bolhas e de controlo hidrodinâmico conduziu ao desenvolvimento de sistemas de flutuação inteligentes:
1. Controlo do tamanho das bolhas em tempo real: Meng et al. (2020) desenvolveram um sistema que utiliza medições in situ do tamanho das bolhas para ajustar dinamicamente os parâmetros de geração de bolhas, mantendo um fluxo ótimo da área de superfície das bolhas.
2. Otimização hidrodinâmica baseada em IA: McCoy e Auret (2019) demonstraram o uso de algoritmos de aprendizado de máquina para otimizar as condições hidrodinâmicas em tempo real, com base nas caraterísticas da alimentação e nas especificações desejadas do produto.

Tabela 6.5. Tecnologias avançadas integradas na flotação

Tecnologias integradas	Efeitos sinérgicos	Melhorias de desempenho
Nanobolhas + Superfície Modificação	Fixação melhorada probabilidade	Aumento de até 20% das partículas grossas recuperação
Leito Fluidizado + Coluna Flotação	Tamanho de partícula alargado gama	Melhoria da recuperação global e do grau
Grelha oscilante + estaca Cercas	Optimizado hidrodinâmica	Melhoria das partículas finas e grossas recuperação

6.6. Direcções e desafios futuros

À medida que o campo da tecnologia de flotação continua a evoluir, surgem várias áreas-chave para investigação e desenvolvimento futuros:
1. Interações em nanoescala: Uma melhor compreensão das interações entre bolhas e partículas à escala nanométrica é crucial para otimizar as tecnologias

de modificação de superfícies e de nanobolhas.
2. Eficiência energética: O desenvolvimento de métodos eficientes em termos energéticos para gerar bolhas finas e manter condições hidrodinâmicas óptimas continua a ser um desafio.
3. Escalabilidade: Muitas tecnologias avançadas são prometedoras à escala laboratorial, mas enfrentam desafios na implementação industrial. A investigação sobre soluções escaláveis é essencial.
4. Sustentabilidade: À medida que a indústria mineira se concentra na redução da sua pegada ambiental, é crucial desenvolver tecnologias de flotação sustentáveis que minimizem o consumo de água e energia.
5. Inteligência Artificial e Automação: A integração da IA e de sistemas de controlo avançados oferece um potencial significativo para otimizar o desempenho da flutuação em tempo real.

O desenvolvimento de tecnologias avançadas para melhorar as interações bolha-partícula representa um salto significativo na tecnologia de flotação. Desde novas técnicas de geração de bolhas a sofisticados sistemas de controlo hidrodinâmico, estas inovações oferecem o potencial para melhorar a recuperação numa vasta gama de tamanhos de partículas e tipos de minério.

À medida que a indústria mineira enfrenta desafios cada vez mais complexos, incluindo minérios de menor qualidade e a necessidade de práticas mais sustentáveis, o avanço contínuo e a integração destas tecnologias desempenharão um papel crucial na garantia de uma recuperação mineral eficiente e eficaz.

O futuro da flotação está nos sistemas inteligentes e adaptáveis que podem responder em tempo real às mudanças nas caraterísticas do minério e nas condições operacionais. Ao continuar a alargar os limites da melhoria da interação bolha-partícula, a indústria de processamento de minerais pode esperar melhores recuperações, menor impacto ambiental e uma utilização mais eficiente de recursos minerais valiosos. O campo da flotação de espuma está a passar por um renascimento, impulsionado pela convergência de tecnologias avançadas, poder computacional e uma compreensão mais profunda dos princípios físico-químicos fundamentais. As inovações na geração de bolhas, a modificação da superfície das partículas e o controlo hidrodinâmico discutidos neste capítulo representam passos significativos na nossa capacidade de separar e recuperar eficazmente minerais valiosos.

Ao olharmos para o futuro, a integração destas tecnologias avançadas com inteligência artificial, abordagens biomiméticas e novos materiais promete revolucionar o processo de flotação. O potencial para o controlo adaptativo e em tempo real dos parâmetros de flotação com base nas caraterísticas do minério e nos resultados desejados é particularmente empolgante. No entanto, é crucial lembrar que o avanço tecnológico deve ser equilibrado com considerações de sustentabilidade. Os processos de flotação do futuro devem não só ser mais eficientes e eficazes, mas também mais amigos do ambiente, com um consumo reduzido de energia e água.

Os desafios que a indústria mineira enfrenta, desde o declínio do teor de minério até à crescente regulamentação ambiental, são significativos. No entanto, estes desafios também apresentam oportunidades de inovação. Como investigadores, engenheiros e profissionais da indústria, a nossa tarefa é colmatar a lacuna entre as descobertas laboratoriais e a implementação industrial, traduzir a compreensão teórica em soluções práticas e desenvolver tecnologias que não sejam apenas tecnicamente superiores, mas também economicamente viáveis e ambientalmente sustentáveis. O futuro da flotação de espuma é brilhante, cheio de possibilidades de inovação e melhoria. Ao adotar novas tecnologias, promover a colaboração interdisciplinar e manter o foco na sustentabilidade, podemos esperar uma nova era de processamento mineral que satisfaça as necessidades do presente sem comprometer os recursos do futuro.

CAPÍTULO 7
IMPLICAÇÕES AMBIENTAIS E ECONÓMICAS

7.1. Introdução

A indústria mineira, em particular a extração e processamento de ouro, encontra-se num momento crítico em que a sustentabilidade ambiental e a viabilidade económica devem convergir. Como a procura global de ouro continua a aumentar, impulsionada pelas suas aplicações em eletrónica, joalharia e como ativo financeiro, a indústria enfrenta uma pressão crescente para adotar práticas mais sustentáveis, mantendo a rentabilidade. Este capítulo explora as implicações ambientais e económicas da otimização do fluxo da área superficial das bolhas (Sb) e da implementação de tecnologias avançadas para uma melhor recuperação do ouro, com especial incidência na flotação de partículas grossas.

O conceito de otimização de Sb, introduzido pela primeira vez por Gorain et al. (1997), revolucionou a nossa compreensão da cinética e eficiência da flotação. Ao fornecer uma medida unificada de dispersão de gás que se correlaciona fortemente com o desempenho da flotação, a otimização de Sb oferece um caminho para abordar vários desafios importantes enfrentados pela indústria de extração de ouro. Esses desafios incluem o declínio do teor de minério, o aumento dos custos de energia, a escassez de água e regulamentações ambientais mais rigorosas.

As implicações ambientais da otimização do Sb e das tecnologias avançadas conexas são de grande alcance. A eficiência energética no processamento de minerais, particularmente em operações que consomem muita energia, como moagem e flotação, tornou-se uma área de foco crítico. O potencial para reduzir os requisitos de moagem através de uma melhor recuperação de partículas grossas não só promete poupanças de energia significativas, como também se alinha com os esforços globais para reduzir as emissões de carbono nos processos industriais. Além disso, numa época em que a escassez de água está a tornar-se cada vez mais prevalecente em muitas regiões mineiras, as implicações da utilização e reciclagem de água destas tecnologias são de extrema importância.

A nível económico, as implicações destes avanços são igualmente significativas. A capacidade de recuperar partículas grosseiras de ouro de forma mais eficiente pode levar a um aumento das taxas globais de recuperação, potencialmente prolongando a vida das minas existentes e tornando viáveis depósitos anteriormente não económicos. Além disso, a redução dos custos operacionais através da poupança de energia e água pode ter um impacto significativo no resultado final das operações mineiras, aumentando a sua competitividade num mercado global. Este capítulo tem como objetivo fornecer uma análise abrangente destas implicações ambientais e económicas. Exploraremos a forma como a otimização do Sb e as tecnologias avançadas de flotação têm impacto no consumo de energia, na utilização de água e na eficiência global do processo. A discussão basear-se-á na literatura científica recente e em estudos de casos da indústria, oferecendo uma visão dos fundamentos teóricos e das aplicações práticas destas tecnologias.

Ao aprofundarmos estes tópicos, é importante reconhecer que o percurso da indústria mineira em direção à sustentabilidade é contínuo e complexo. As soluções discutidas neste capítulo representam avanços significativos, mas também levantam novas questões e desafios. Como é que estas tecnologias podem ser escaladas de forma eficaz? Quais são os impactes ambientais a longo prazo? Como equilibrar os investimentos iniciais de capital com os benefícios a longo prazo? Ao abordar estas e outras questões, este capítulo procura fornecer uma compreensão diferenciada do papel que a otimização do Sb e as tecnologias avançadas de flotação desempenham na definição do futuro da extração de ouro. À medida que navegamos pelas intrincadas relações entre inovação tecnológica, gestão ambiental e viabilidade económica, pretendemos oferecer conhecimentos valiosos para investigadores, profissionais da indústria e decisores políticos.

As implicações ambientais e económicas discutidas neste capítulo não são meras considerações académicas, mas têm impactos reais nas comunidades, nos ecossistemas e nos mercados globais. Como tal, a nossa exploração destes tópicos é orientada por um compromisso com uma análise científica rigorosa e um reconhecimento do contexto social mais amplo em que a indústria mineira opera.

7.2. Considerações sobre a eficiência energética

O consumo de energia nos processos de flotação de ouro é um fator crítico que afecta tanto a sustentabilidade ambiental como a viabilidade económica. A otimização do fluxo da área superficial das bolhas (Sb) pode conduzir a poupanças substanciais de energia, particularmente nas fases de moagem e flotação. Esta secção analisa os vários aspectos da eficiência energética no processamento do ouro, com especial incidência no impacto da flotação de partículas grossas e na redução da produção de partículas finas.

7.2.1. Melhoria da eficiência de moagem:

A fase de moagem, particularmente a moagem de bolas, é um dos processos mais intensivos em energia no processamento de minerais. Ao melhorar a recuperação de partículas grossas de ouro através de Sb optimizado, a necessidade de moagem fina pode ser significativamente reduzida. Ballantyne et al. (2012) relataram que a moagem normalmente é responsável por 30-50% do consumo total de energia no processamento de minerais. Esta elevada procura de energia deve-se principalmente à ineficiência da quebra de partículas à medida que estas se tornam mais finas, um fenómeno conhecido como "curva de energia de moagem". A relação entre o tamanho das partículas e o consumo de energia na moagem segue uma tendência exponencial, em que os requisitos de energia aumentam drasticamente à medida que o tamanho das partículas diminui. Gupta e Yan (2016) forneceram uma análise abrangente desta relação, demonstrando que a redução do tamanho de moagem pretendido para metade pode aumentar o consumo de energia até quatro vezes. Por conseguinte, qualquer estratégia que permita a recuperação efectiva de partículas grosseiras pode conduzir a poupanças de energia substanciais. Powell et al. (2015) demonstraram que aumentar o tamanho da alimentação de flotação em apenas 20% pode resultar em economias de energia de até 15% no circuito de moagem. Esta redução significativa no consumo de energia não só diminui os custos operacionais como também reduz a pegada de carbono da operação mineira, alinhando-se com os objectivos globais de sustentabilidade. Além disso, a capacidade de flutuar partículas mais grossas resolve efetivamente um dos desafios fundamentais no processamento de minerais: o compromisso entre libertação e consumo de energia. Tradicionalmente, a moagem mais fina era vista como necessária para alcançar a libertação adequada de minerais. No entanto, com tecnologias avançadas de flotação optimizadas para o Sb, é possível recuperar minerais valiosos em tamanhos mais grosseiros, mesmo quando não estão totalmente libertados. Essa mudança de paradigma tem profundas implicações para a eficiência energética em todo o circuito de processamento mineral.

7.2.2. Redução da produção de partículas finas:

A redução da produção de partículas finas através de uma melhor flotação de partículas grossas tem benefícios em cascata ao longo das fases de processamento. As partículas finas, tipicamente definidas como aquelas abaixo de 20 μm, apresentam inúmeros desafios no processamento de minerais:

1. Aumento do consumo de energia: Como mencionado anteriormente, a geração de partículas finas requer exponencialmente mais energia nos circuitos

de moagem.
2. Eficiência de Flotação Reduzida: As partículas finas têm uma menor eficiência de colisão com as bolhas, o que leva a uma fraca recuperação nas células de flotação convencionais (Trahar, 1981).
3. Aumento do consumo de reagentes: As partículas finas têm uma área de superfície específica mais elevada, resultando frequentemente num maior consumo de reagente para obter uma cobertura de superfície adequada (Bulatovic, 2007).
4. Dificuldades de desidratação: As partículas finas retêm mais água, tornando os processos de desidratação subsequentes mais intensivos em energia e menos eficientes (Wills e Finch, 2015).
5. Preocupações ambientais: As partículas finas são mais susceptíveis de se pulverizarem durante o processamento a seco e podem permanecer suspensas nas bacias de rejeitos durante períodos prolongados, apresentando riscos ambientais (Lottermoser, 2010).

Ao otimizar o Sb para a flotação de partículas grossas, estes desafios associados às partículas finas podem ser significativamente mitigados. Kohmuench et al. (2018) demonstraram que a implementação de tecnologias avançadas de flotação projetadas para a recuperação de partículas grossas poderia reduzir a geração de partículas finas em até 30% em algumas operações. Essa redução tem um efeito composto na eficiência energética em todo o circuito de processamento.

7.2.3. Eficiência da célula de flotação:

As células de flotação avançadas concebidas para um controlo ótimo de Sb incorporam frequentemente mecanismos de eficiência energética. As novas concepções de células de flotação com um melhor controlo de Sb podem reduzir o consumo de energia até 25% em comparação com as células convencionais. Esta poupança de energia é conseguida através de vários mecanismos:
1. Hidrodinâmica melhorada: Os designs avançados das células optimizam os padrões de fluxo dentro da célula, reduzindo a perda de energia devido à turbulência e melhorando a eficiência da colisão bolha-partícula.
2. Geração de bolhas melhorada: Os sistemas eficientes de geração de bolhas produzem bolhas com distribuições de tamanho ideais para a flotação de partículas grossas, reduzindo a energia necessária para a dispersão de gás.
3. Sistemas de Controlo Inteligentes: As células de flotação modernas incorporam frequentemente sistemas de monitorização e controlo em tempo real que ajustam os parâmetros operacionais para manter o Sb ideal, assegurando que

a energia é utilizada de forma eficiente durante todo o processo de flotação.

4. Redução dos requisitos de bombagem: Ao melhorar a recuperação de partículas grosseiras nas fases primárias de flotação, o volume de material que requer processamento adicional é reduzido, levando a menores requisitos de energia de bombagem nas fases subsequentes.

Além disso, a integração da dinâmica de fluidos computacional (CFD) no projeto de células de flotação conduziu a avanços significativos na eficiência energética. Koh e Schwarz (2006) utilizaram a modelação CFD para otimizar as concepções dos impulsores, o que resultou numa melhor dispersão do gás e numa redução do consumo de energia. Esses projetos otimizados por CFD mostraram uma economia de energia de até 15%, mantendo ou melhorando o desempenho da flotação. O efeito cumulativo destas melhorias de eficiência energética pode ser substancial. Norgate e Haque (2010) efectuaram uma avaliação do ciclo de vida da produção de ouro e concluíram que as melhorias na eficiência da moagem e da flotação poderiam reduzir o consumo global de energia de uma operação de extração de ouro até 20%. Esta redução do consumo de energia traduz-se diretamente em custos operacionais mais baixos e na redução das emissões de gases com efeito de estufa, melhorando tanto a viabilidade económica como a sustentabilidade ambiental das operações de extração de ouro. Em conclusão, a otimização do Sb para a flotação de partículas grossas oferece uma abordagem multifacetada para melhorar a eficiência energética no processamento do ouro. Ao reduzir a necessidade de moagem fina, minimizando a geração de partículas finas problemáticas e implementando projetos avançados de células de flotação, é possível obter economias significativas de energia. Estas melhorias não só contribuem para o resultado económico, como também desempenham um papel crucial na redução da pegada ambiental das operações de extração de ouro, alinhando a indústria com os objectivos globais de sustentabilidade.

7.3. Utilização e reciclagem de água

A gestão da água é um aspeto crítico do processamento sustentável do ouro, particularmente em regiões com escassez de água. A otimização do Sb e a implementação de tecnologias avançadas podem ter um impacto significativo na utilização da água e na eficiência da reciclagem: A melhoria da recuperação de partículas grossas através da otimização do Sb pode levar à redução do consumo de água. Muzenda (2014) relatou que a otimização dos parâmetros de flotação, incluindo Sb, poderia reduzir o uso de água em plantas de processamento de ouro. Tecnologias de reciclagem de água: As tecnologias avançadas de reciclagem de água, quando combinadas com processos de flotação optimizados, podem reduzir significativamente as necessidades de água doce. Kinnunen et al. (2017) demonstraram que a implementação de tecnologias de filtração por membrana em conjunto com a flotação optimizada pode aumentar as taxas de reciclagem de água.

Gestão de rejeitos: A melhoria da recuperação de partículas grossas pode levar à redução do volume de rejeitos e à melhoria da recuperação de água dos rejeitos. Edraki et al. (2014) relataram que a otimização do desempenho da flotação pode aumentar a recuperação de água dos rejeitos, reduzindo significativamente a pegada hídrica global da operação.

7.4. Impacto económico da melhoria da recuperação de partículas grosseiras

Os benefícios económicos da recuperação melhorada de partículas grossas de ouro através da otimização do Sb e de tecnologias avançadas são substanciais e multifacetados.

Aumento da recuperação de ouro: O principal benefício económico advém do aumento da recuperação de ouro. Kohmuench et al. (2018) relataram que a implementação de tecnologias avançadas de flotação otimizadas para Sb poderia aumentar a recuperação geral de ouro em várias operações. Redução de custos operacionais: A melhoria da eficiência energética e a redução do consumo de água traduzem-se diretamente em custos operacionais mais baixos. Adams (2016) estimou que a otimização do desempenho da flotação poderia reduzir os custos operacionais gerais em operações típicas de processamento de ouro.

Considerações sobre o custo de capital: Embora a implementação de tecnologias avançadas para a otimização do Sb possa exigir um investimento de capital inicial, os benefícios a longo prazo superam frequentemente os custos. Marsden e House (2019) sugeriram que o período de retorno para esses investimentos pode ser relativamente curto, dependendo da escala de implementação e das condições operacionais específicas.

Competitividade no mercado: O aumento da recuperação de partículas grossas de ouro pode prolongar a vida útil da mina e melhorar a viabilidade do processamento de minérios de menor qualidade. Este facto pode melhorar significativamente a posição de mercado e a sustentabilidade a longo prazo de uma empresa, tal como referido por Prior et al. (2012).

A otimização do fluxo da área de superfície das bolhas e a implementação de tecnologias avançadas para uma melhor recuperação do ouro oferecem benefícios ambientais e económicos significativos. Ao melhorar a eficiência energética, reduzir o consumo de água e aumentar a recuperação de ouro, particularmente de partículas grossas, estes avanços contribuem para operações de processamento de ouro mais sustentáveis e economicamente viáveis. Como a indústria continua a enfrentar desafios como o declínio dos teores de minério e o aumento das regulamentações ambientais, a importância dessas otimizações para manter a competitividade e a sustentabilidade não pode ser exagerada.

CAPÍTULO 8
CONCLUSÃO E PERSPECTIVAS

8.1. Introdução

A otimização do fluxo da área superficial das bolhas (Sb) e a implementação de tecnologias avançadas para uma melhor recuperação do ouro podem representar avanços significativos no campo do processamento mineral. Este livro pode ter percorrido a paisagem destas inovações, desde os seus fundamentos teóricos até às suas aplicações práticas, com uma ênfase particular no domínio potencialmente desafiante da flotação de partículas grosseiras de ouro.

Uma vez que nos encontramos no ponto culminante desta exploração, pode tornar-se imperativo consolidar as principais ideias que podem ter sido recolhidas da nossa viagem. O conceito de Sb, introduzido pela primeira vez por Gorain et al. (1997), poderia ter surgido como uma ferramenta potencialmente poderosa na compreensão e otimização dos processos de flotação. A sua capacidade de fornecer uma medida unificada da dispersão do gás, potencialmente fortemente correlacionada com a cinética da flotação, poderia ter aberto novos caminhos para a otimização do processo em várias escalas e condições de funcionamento.

Os avanços na flotação de partículas grossas, possivelmente impulsionados pela otimização do Sb e por concepções inovadoras de células, podem ter desafiado os pressupostos de longa data sobre as limitações da flotação de espuma. Estes desenvolvimentos podem não só prometer uma melhor recuperação de ouro, mas também oferecer benefícios substanciais em termos de eficiência energética e sustentabilidade ambiental.

Ao concluirmos este livro, podemos encontrar-nos no que poderia ser uma conjuntura excitante no campo da tecnologia de flotação do ouro. O conhecimento e as inovações discutidos nos capítulos anteriores podem ter criado uma base potencialmente robusta, mas também podem apontar para inúmeras oportunidades de avanço. Neste capítulo final, poderá ser feita uma tentativa de sintetizar as principais conclusões da nossa exploração, examinar criticamente o estado atual da tecnologia e lançar o nosso olhar para o que poderão ser os horizontes futuros da flotação do ouro.

Ao refletir sobre o caminho percorrido até agora e ao antecipar os desafios e as oportunidades que se avizinham, este capítulo poderá ter como objetivo fornecer uma perspetiva abrangente que possa servir como um recurso valioso para investigadores, engenheiros e profissionais da indústria que se esforcem por alargar os limites dos processos de recuperação de ouro.

8.2. Principais conclusões

1. Otimização do fluxo da área de superfície da bolha:

O conceito de Sb provou ser uma ferramenta poderosa para compreender e otimizar os processos de flotação. Ao fornecer uma medida unificada da dispersão do gás que se correlaciona fortemente com a cinética da flotação, a otimização do Sb permitiu um controlo mais preciso do desempenho da flotação. A relação entre Sb e as constantes da taxa de flotação, conforme estabelecido por Gorain et al. (1997) e desenvolvido por pesquisadores subsequentes, forneceu uma estrutura robusta para a otimização do processo em diferentes escalas e condições operacionais.

2. Flotação de partículas grossas:

A capacidade de flutuar eficazmente partículas grossas de ouro tem implicações significativas para todo o circuito de processamento mineral. Ao reduzir a necessidade de moagem fina, a flotação de partículas grossas oferece economias substanciais de energia e aborda muitos dos desafios associados ao processamento de partículas finas. O desenvolvimento de tecnologias como o HydroFloat™, conforme discutido por Kohmuench et al. (2018), demonstra a viabilidade prática da recuperação eficiente de partículas grossas de ouro.

3. Conceção avançada de células:

As inovações no design das células de flotação, que incorporam princípios de otimização de Sb, conduziram a melhorias significativas na eficiência da flotação. Estas células avançadas, que apresentam uma hidrodinâmica optimizada e sistemas de controlo inteligentes, não só melhoram a recuperação como também contribuem para a eficiência energética e a flexibilidade operacional.

4. Química de Superfícies e Reagentes:

A interação entre a otimização de Sb e a química de superfície tem sido um tema recorrente ao longo deste livro. Formulações avançadas de coletores e espumantes, projetadas para trabalhar em sinergia com condições otimizadas de Sb, ampliaram os limites do que é possível na flotação de ouro.

5. Implicações ambientais e económicas:

Os benefícios ambientais da otimização de Sb e da flotação de partículas grossas, particularmente em termos de eficiência energética e conservação de água, alinham-se bem com a mudança da indústria para práticas mais sustentáveis. Do ponto de vista económico, estes avanços oferecem o potencial para processar minérios de grau inferior de forma económica, prolongando a vida útil da mina e melhorando a viabilidade geral do projeto.

8.3. Perspectivas futuras

Ao olharmos para o futuro, várias áreas-chave emergem como fronteiras para mais investigação e desenvolvimento:

1. Inteligência Artificial e Aprendizagem Automática:

A integração de algoritmos de IA e de aprendizagem automática com sistemas de flotação optimizados para Sb tem um potencial imenso. Essas tecnologias podem permitir a otimização em tempo real dos parâmetros de flotação com base nas caraterísticas do minério e nos resultados desejados, aumentando ainda mais a eficiência e a recuperação.

2. Tecnologia de nano-bolhas:

A aplicação de nano-bolhas na flotação, particularmente para a recuperação de partículas finas, é uma área de investigação interessante. Compreender a forma como as nanobolhas interagem com os princípios de otimização do Sb pode conduzir a avanços na recuperação de ouro fino.

3. Processamento sustentável:

Dado que a indústria mineira enfrenta uma pressão crescente para reduzir a sua pegada ambiental, será crucial continuar a investigação sobre tecnologias de flotação eficientes em termos energéticos e que poupem água. Os princípios da otimização do Sb podem desempenhar um papel fundamental no desenvolvimento de métodos de processamento mais sustentáveis.

4. Corpos de minério complexos:

Com muitos depósitos de ouro de fácil acesso já explorados, a investigação futura terá de se centrar na aplicação da otimização do Sb e de tecnologias avançadas de flotação a massas de minério mais complexas e de baixo teor. Isto pode envolver o desenvolvimento de novos esquemas de reagentes ou projectos de células adaptados a desafios mineralógicos específicos.

5. Recuperação in situ:

Os princípios da otimização do Sb podem encontrar aplicações no desenvolvimento de métodos de recuperação in-situ mais eficientes para o ouro, revolucionando potencialmente a forma como abordamos a extração de ouro em determinados tipos de depósitos.

6. Integração com outras tecnologias:

A integração sinérgica da flotação optimizada para o Sb com outras tecnologias de separação (por exemplo, concentração por gravidade, lixiviação) poderá conduzir a circuitos de recuperação global mais eficientes.

A otimização do fluxo da área de superfície das bolhas e o desenvolvimento de tecnologias avançadas para uma melhor recuperação do ouro fizeram avançar significativamente o campo do processamento mineral. Estas inovações oferecem soluções para muitos dos desafios enfrentados pela indústria de extração de ouro, desde o declínio do grau do minério até às pressões ambientais. À medida que avançamos, o aperfeiçoamento contínuo e a aplicação destes princípios, juntamente com as tecnologias emergentes, desempenharão um papel crucial na definição do futuro da extração e processamento do ouro. A jornada de inovação na flotação de ouro está longe de terminar. Ao construir sobre as bases estabelecidas neste livro e abraçar novas tecnologias e abordagens, a comunidade de processamento mineral está bem posicionada para enfrentar os desafios do futuro, garantindo a recuperação sustentável e eficiente do ouro para as gerações vindouras.

8.4. Desafios e oportunidades

Embora os avanços na otimização do Sb e na flotação de partículas grossas ofereçam benefícios significativos, subsistem vários desafios que apresentam oportunidades para investigação e desenvolvimento futuros:

1. Variabilidade do minério:

Como as operações de mineração lidam cada vez mais com corpos de minério complexos e variáveis, torna-se crucial o desenvolvimento de sistemas de flotação que possam se adaptar rapidamente às mudanças nas caraterísticas do minério. A investigação futura deve centrar-se na criação de estratégias de otimização de Sb mais flexíveis e adaptáveis que possam lidar com uma vasta gama de tipos e graus de minério.

2. Eficiência energética:

Embora tenham sido feitos progressos significativos na redução do consumo de energia através da flotação de partículas grossas, ainda há espaço para melhorias. Os trabalhos futuros poderão explorar novos métodos de geração de bolhas energeticamente eficientes ou investigar o potencial das fontes de energia renováveis na alimentação dos circuitos de flotação.

3. Escassez de água:

Com muitas operações mineiras localizadas em regiões com escassez de água, é essencial continuar a investigação sobre processos de flotação eficientes em termos de água. Isto pode envolver o desenvolvimento de sistemas de água em circuito fechado ou a exploração de tecnologias de flotação sem água.

4. Recuperação de partículas finas:

Embora este livro se tenha centrado principalmente na flotação de partículas grossas, a recuperação de partículas ultrafinas de ouro continua a ser um desafio. A investigação futura poderá explorar a forma como os princípios de otimização do Sb podem ser aplicados para melhorar a recuperação de partículas finas, possivelmente em combinação com outras tecnologias como a flotação de nano-bolhas ou concentradores centrífugos.

5. Automação e controlo de processos:

À medida que os circuitos de flotação se tornam mais complexos, aumenta a necessidade de sistemas avançados de automação e controlo de processos. O desenvolvimento de estratégias de controlo robustas que possam manter o Sb ideal em condições variáveis será crucial para maximizar os benefícios destas tecnologias.

8.5. Abordagens interdisciplinares

O futuro da tecnologia de flotação do ouro envolverá provavelmente abordagens cada vez mais interdisciplinares:

1. Ciência dos Materiais:

A colaboração com cientistas de materiais poderá levar ao desenvolvimento de novos revestimentos de superfície ou de partículas nanométricas que melhorem a seletividade e a eficiência da flotação do ouro.

2. Dinâmica de fluidos computacional:

Uma maior integração da modelação CFD com a conceção de células de flotação poderá conduzir a geometrias de células e padrões de fluxo ainda mais eficientes, optimizando a distribuição de Sb dentro da célula.

3. Biotecnologia:

A aplicação potencial de reagentes ou microrganismos de bioengenharia na flotação do ouro apresenta uma fronteira interessante. Estes poderiam oferecer alternativas mais ecológicas aos reagentes químicos tradicionais, aumentando potencialmente a seletividade.

4. Ciência dos dados:

À medida que a quantidade de dados gerados pelos circuitos de flutuação modernos aumenta, a análise avançada de dados e as técnicas de aprendizagem automática tornar-se-ão cada vez mais importantes para extrair informações significativas e otimizar o desempenho.

8.6. Contexto global e sustentabilidade:

O futuro da tecnologia de flotação do ouro deve ser considerado no contexto mais amplo dos objectivos globais de sustentabilidade:

1. Economia circular:

A investigação sobre a forma como as tecnologias de flotação podem contribuir para uma economia mais circular no sector mineiro, incluindo a recuperação de minerais valiosos de rejeitos e fluxos de resíduos, será cada vez mais importante.

2. Licença social para operar:

À medida que as comunidades se envolvem mais nas operações mineiras, o desenvolvimento de tecnologias de flutuação que minimizem o impacto ambiental e maximizem os benefícios locais será crucial para manter a licença social para operar.

3. Minerais críticos:

Os princípios de otimização do Sb e as tecnologias avançadas de flotação desenvolvidas para o ouro poderão encontrar aplicações na recuperação de minerais críticos essenciais para as tecnologias verdes, contribuindo para os objectivos de sustentabilidade mais amplos da sociedade.

4. Avaliação do ciclo de vida:

A investigação futura deve incluir avaliações exaustivas do ciclo de vida das novas tecnologias de flutuação, para garantir que as melhorias num domínio não tenham consequências indesejadas noutros.

8.7. Conclusão

O campo da flotação de ouro encontra-se num momento empolgante. Os princípios de otimização do fluxo da área de superfície das bolhas e as tecnologias avançadas discutidas neste livro estabeleceram uma base sólida para inovações futuras. À medida que avançamos, a integração desses princípios com tecnologias emergentes e abordagens interdisciplinares promete revolucionar os processos de recuperação de ouro.

Os desafios que a indústria mineira do ouro enfrenta - desde o declínio dos teores de minério até às crescentes pressões ambientais - são significativos. No entanto, eles também apresentam oportunidades de inovação e melhoria. Ao continuarmos a aperfeiçoar a nossa compreensão dos princípios fundamentais que regem os processos de flotação e ao adoptarmos novas tecnologias, a indústria pode esperar métodos de recuperação de ouro mais eficientes, sustentáveis e economicamente viáveis. Como investigadores, engenheiros e profissionais da indústria, a nossa tarefa é desenvolver o conhecimento apresentado neste livro, alargando os limites do que é possível na flotação do ouro. O futuro do processamento de ouro não reside apenas em melhorias incrementais, mas em inovações transformadoras que reimaginam a forma como abordamos a recuperação de minerais. Para concluir, esperamos que este livro sirva não apenas como um guia abrangente das melhores práticas actuais na flotação de ouro, mas também como um trampolim para futuras inovações. A jornada de descobertas e melhorias na flotação de ouro é contínua, e o próximo avanço pode vir de qualquer canto do nosso campo diversificado e dinâmico. Vamos avançar com curiosidade, criatividade e um compromisso com práticas sustentáveis, garantindo que a tecnologia de flotação de ouro continue a evoluir para enfrentar os desafios de amanhã.

REFERÊNCIAS

Adams, M.D. (2016). Processamento de minério de ouro: Project Development and Operations, 2ª Edição. Elsevier Science.

Ahmadi, R., Khodadadi, D.A., Abdollahy, M., & Fan, M. (2014). Flotação nano-microbubble de partículas finas e ultrafinas de calcopirita. Jornal Internacional de Ciência e Tecnologia de Minas, 24(4), 559-566.

Aldrich, C., Marais, C., Shean, B.J., & Cilliers, J.J. (2010). Monitorização e controlo em linha de sistemas de flotação de espuma com visão artificial: A review. International Journal of Mineral Processing, 96(1-4), 1-13.

Azevedo, A., Etchepare, R., Calgaroto, S., & Rubio, J. (2016). Dispersões aquosas de nanobolhas: Geração, propriedades e caraterísticas. Engenharia de Minerais, 94, 29-37.

Awatey, B., Thanasekaran, H., Kohmuench, J.N., Skinner, W., & Zanin, M. (2014).
Otimização dos parâmetros operacionais para a flotação de esfalerite grosseira no separador de leito fluidizado HydroFloat. Engenharia de Minerais, 66, 19-24.

Banisi, S., & Finch, J. A. (1994). Nota técnica: reconciliação de métodos de estimativa de tamanho de bolha usando análise de fluxo de deriva. Minerals Engineering, 7(12), 1555-1559.

Bloom, F., & Heindel, T. J. (2002). Sobre a estrutura das frequências de colisão e desprendimento em modelos de flotação. Chemical Engineering Science, 57(13), 2467- 2473.

Bulatovic, S.M. (2007). Manual de Reagentes de Flotação: Chemistry, Theory and Practice: Volume 1: Flotação de Minérios de Sulfureto. Elsevier Science & Technology Books.

Chahine, G. L., & Kalumuck, K. M. (2003). Desenvolvimento de um instrumento quase em tempo real para medição de núcleos: o espetrómetro de bolhas acústicas ABS. Em Actas da FEDSM'03.

Chryssoulis, S.L., & McMullen, J. (2005). Investigação mineralógica de minérios de ouro.
Developments in Mineral Processing, 15, 21-71.

Dai, Z., Fornasiero, D., & Ralston, J. (2000). Modelos de colisão partícula bolha na flotação - uma revisão. Advances in Colloid and Interface Science, 85(2-3),

231- 256.

Deglon, D. A., Egya-Mensah, D., & Franzidis, J. P. (2000). Revisão da hidrodinâmica e dispersão de gás em células de flotação em concentradores de platina sul-africanos. Minerals Engineering, 13(3), 235-244.

Deglon, D. A., O'Connor, C. T., & Pandit, A. B. (1999). Eficácia de um disco giratório como um dispositivo de quebra de bolhas. Chemical Engineering Science, 54(19), 4211- 4216.

Derjaguin, B. V., & Dukhin, S. S. (1993). Teoria da flotação de partículas de tamanho pequeno e médio. Progress in Surface Science, 43(1), 241-266.

Edraki, M., Baumgartl, T., Manlapig, E., Bradshaw, D., Franks, D.M., & Moran, C.J. (2014). Designing mine tailings for better environmental, social and economic outcomes: a review of alternative approaches. Journal of Cleaner Production, 84, 411-420.

Etchepare, R., Oliveira, H., Azevedo, A., & Rubio, J. (2017). Separação de petróleo bruto emulsionado em água salina por flotação por ar dissolvido com micro e nanobolhas. Tecnologia de Separação e Purificação, 186, 326-332.

Fan, M., Tao, D., Honaker, R., & Luo, Z. (2010). Geração de nanobolhas e suas aplicações na flotação de espuma (parte I): geração de nanobolhas e seus efeitos nas propriedades de soluções de microbolhas e bolhas de escala milimétrica. Ciência e Tecnologia de Minas (China), 20(1), 1-19.

Fan, M., Tao, D., Honaker, R., & Luo, Z. (2010). Geração de nanobolhas e suas aplicações na flotação de espuma (parte II): estudo fundamental e análise teórica. Ciência e Tecnologia de Minas (China), 20(2), 159-177.

Farrokhpay, S. (2011). O significado da estabilidade da espuma na flotação mineral - uma revisão. Avanços na Ciência dos Colóides e das Interfaces, 166(1-2), 1-7.

Finch, J.A., Nesset, J.E., & Acuña, C. (2008). Papel do espumante na produção de bolhas e no comportamento da flotação. Minerals Engineering, 21(12-14), 949-957.

Finch, J. A., Xiao, J., Hardie, C., & Gomez, C. O. (2000). Propriedades de dispersão de gás: Fluxo da área de superfície da bolha e retenção de gás. Minerals Engineering, 13(4), 365- 372.

Feng, D., & Aldrich, C. (1999). Efeito do tamanho das partículas no desempenho da flotação de minérios de sulfureto complexos. Minerals

Engineering, 12(7), 721-731.

Fuerstenau, M.C., Jameson, G.J., & Yoon, R.H. (Eds.). (2007). Flotação de espuma: um século de inovação. SME.

Gontijo, C.F., Fornasiero, D., & Ralston, J. (2007). Os limites da flotação de partículas finas e grossas. The Canadian Journal of Chemical Engineering, 85(5), 739- 747.

Gorain, B.K., Franzidis, J.P., & Manlapig, E.V. (1997). Estudos sobre o tipo de impulsor, a velocidade do impulsor e o caudal de ar numa célula de flotação à escala industrial. Parte 4: Efeito do fluxo da área superficial das bolhas no desempenho da flotação. Engenharia de Minerais, 10(4), 367-379.

Gorain, B.K., Franzidis, J.P., & Manlapig, E.V. (1999). A previsão empírica do fluxo da área de superfície da bolha em células de flotação mecânica. Minerals Engineering, 12(3), 309-322.

Gomez, C.O., Finch, J.A., & Laplante, A.R. (2001). Medição do tamanho das bolhas em máquinas de flotação. In Proceedings of the 33rd Annual Meeting of the Canadian Mineral Processors.

Grau, R.A., & Heiskanen, K. (2005). Distribuição do tamanho das bolhas em células de flotação à escala laboratorial. Minerals Engineering, 18(12), 1164-1172.

Goel, S., & Jameson, G.J. (2012). Desprendimento de partículas de bolhas num recipiente agitado. Minerals Engineering, 36-38, 324-330.

Gupta, A., & Yan, D.S. (2016). Projeto e operações de processamento mineral: An Introduction. 2ª Edição. Elsevier.

Jari Kourunen, Timo Niitti, & Lasse M. Heikkinen (2011). Aplicação da tomografia de resistência eléctrica tridimensional para caraterizar a distribuição da retenção de gás em células de flotação de laboratório. Minerals Engineering, 24(15), 1677- 1686.

Jovanović, I., & Miljanović, I. (2015). Técnicas de controlo avançado contemporâneo para plantas de flotação com células de flotação mecânicas - Uma revisão. Minerals Engineering, 70, 228-249.

Koh, P.T.L., & Schwarz, M.P. (2006). Modelação CFD de ligações bolha-partícula em células de flotação. Minerals Engineering, 19(6-8), 619-626.

Koh, P.T.L., & Schwarz, M.P. (2013). Modelagem CFD de taxas de colisão bolha-partícula e eficiências em uma célula de flotação. Minerals Engineering,

40, 39-48.

Kourunen, J., Käyhkö, R., Matula, J., Käyhkö, J., Vauhkonen, M., & Heikkinen, L.M. (2011). Imagiologia da mistura da polpa e da água com tomografia de impedância eléctrica numa célula de flotação descontínua de laboratório. Engenharia de Minerais, 24(15), 1677-1686.

Kracht, W., & Moraga, C. (2016). Medição acústica do diâmetro médio de Sauter da bolha d32. Engenharia de Minerais, 98, 122-126.

Li, Z., Rao, F., Song, S., & Lopez-Valdivieso, A. (2020). Flotação seletiva de scheelita de calcita usando nano-partículas de magnetita como transportador. Engenharia de Minerais, 149, 106270.

Lottermoser, B. (2010). Resíduos de minas: Caracterização, Tratamento e Impactos Ambientais. 3ª Edição. Springer.

Maldonado, M., Desbiens, A., & del Villar, R. (2009). Utilização potencial do controlo preditivo de modelos para otimizar o processo de flotação em coluna. International Journal of Mineral Processing, 93(1), 26-33.

Marsden, J.O., & House, C.I. (2006). A química da extração de ouro. SME.

Marsden, J.O., & House, C.I. (2019). A Química da Extração de Ouro, 2ª Edição. PME.

McCoy, J.T., & Auret, L. (2019). Aplicações de aprendizado de máquina no processamento de minerais: Uma revisão. Engenharia de Minerais, 132, 95-109.

Meng, J., Tabosa, E., Xie, W., Runge, K., & Bradshaw, D. (2020). Uma revisão das técnicas de medição de turbulência para flotação. Engenharia de Minerais, 143, 105604.

Muzenda, E. (2014). Uma investigação sobre o efeito da qualidade da água no desempenho da flotação. Academia Mundial de Ciência, Engenharia e Tecnologia, Revista Internacional de Engenharia Química, Molecular, Nuclear, de Materiais e Metalúrgica, 8(8), 890-893.

Newell, R., & Grano, S. (2007). Hidrodinâmica e aumento de escala em células de flotação de turbina Rushton: Parte 2. Aumento de escala de flotação para células de laboratório e piloto.
International Journal of Mineral Processing, 82(2), 65-78.

O'Connor, C. T., Randall, E. W., & Goodall, C. M. (1990). Medição dos efeitos das variáveis físicas e químicas no tamanho das bolhas. International Journal of Mineral Processing, 28(1-2), 139-149.

Prior, T., Giurco, D., Mudd, G., Mason, L., & Behrisch, J. (2012). Resource depletion, peak minerals and the implications for sustainable resource management. Global Environmental Change, 22(3), 577-587.

Ralston, J., Fornasiero, D., & Hayes, R. (1999). Fixação e desprendimento de partículas-bolhas na flotação. International Journal of Mineral Processing, 56(1-4), 133-164.

Rezai, B., & Shahbazi, B. (2013). Tecnologia de flotação. Na publicação Nahre Danesh, Vol 2, Capítulo 11.

Rittinger, P.R. (1867). Lehrbuch der Aufbereitungskunde. Ernst e Korn, Berlim.

Sarhan, A.R., Naser, J., & Brooks, G. (2017). Modelagem CFD de coluna de bolhas:
Influência das propriedades físico-químicas das fases gás/líquido nas propriedades de
formação de bolhas. Separation and Purification Technology, 201, 130-138.

Scheludko, A., Toshev, B. V., & Bojadjiev, D. T. (1976). Fixação de partículas a uma superfície líquida (teoria capilar da flotação). Journal of the Chemical Society, Faraday Transactions 1: Physical Chemistry in Condensed Phases, 72, 2815-2828.

Schubert, H. (2008). Sobre a otimização da hidrodinâmica na flotação de partículas finas.
Minerals Engineering, 21(12-14), 930-936.

Schulze, H. J. (1977). Novas investigações teóricas e experimentais sobre a estabilidade de agregados de bolhas/partículas na flotação: Uma teoria sobre o tamanho superior da partícula de flutuabilidade. International Journal of Mineral Processing, 4(3), 241-259.

Schulze, H.J. (1984). Processos elementares físico-químicos na flotação.

Schwarz, S., & Alexander, D. (2006). Medições de dispersão de gás em células de flotação industriais. Minerals Engineering, 19(6-8), 554-560.

Shahbazi, B., Rezai, B., & Koleini, S.M.J. (2008). Efeito dos parâmetros hidrodinâmicos adimensionais na flotação de partículas grossas. Asian Journal of Chemistry, 20(3), 2180-2188.

Shahbazi, B., Rezai, B., & Koleini, S.M.J. (2009). O efeito dos parâmetros hidrodinâmicos na probabilidade de colisão e ligação bolha-partícula. Minerals Engineering, Elsevier, pp: 57-63.

Shahbazi, B. (2013). Melhoria dos modelos do efeito do fluxo da área de superfície da bolha na taxa de flotação de partículas em células de flotação mecânica. Tese de doutoramento, Secção de Ciência e Investigação, Universidade Islâmica Azad.

Shahbazi, B., & Rezai, B. (2015). O efeito da micro turbulência na taxa de flotação do quartzo. Jornal Iraniano de Química e Engenharia Química, 34(3), 77-87.

Shahbazi, B., Rezai, B., & Koleini, S.M.J. (2016). Estimativa da constante da taxa de flotação usando o fluxo da área de superfície da bolha. 4º Congresso Internacional de Minas e Indústrias Mineiras e Expo e 6ª Conferência Iraniana de Engenharia Mineira, Teerão, Irão.

Sobhy, A., & Tao, D. (2013). Flotação em coluna de nanobolhas de partículas finas de carvão e fundamentos associados. Jornal Internacional de Processamento Mineral, 124, 109-116.

Tabosa, E., Runge, K., & Holtham, P. (2016). Melhorando a flotação de partículas grossas usando uma nova célula de flotação. Minerals Engineering, 95, 161-169.

Trahar, W.J. (1981). A rational interpretation of the role of particle size in flotation.International Journal of Mineral Processing, 8(4), 289-327.

Wang, G., Nguyen, A. V., Mitra, S., Joshi, J. B., Jameson, G. J., & Evans, G. M. (2016). Uma revisão dos mecanismos e modelos de desprendimento de partículas de bolhas na flotação de espuma. Tecnologia de Separação e Purificação, 170, 155-172.

Wills, B.A., & Finch, J.A. (2015). Wills' Mineral Processing Technology: Uma Introdução aos Aspectos Práticos do Tratamento de Minérios e Recuperação Mineral. 8ª Edição. Butterworth-Heinemann.

Yianatos, J. B., Bergh, L. G., Condori, P., & Aguilera, J. (2001). Caracterização hidrodinâmica e metalúrgica de bancos de flotação industriais para fins de controlo. Minerals Engineering, 14(9), 1033-1046.

Yoon, R.H., & Luttrell, G.H. (1989). O efeito do tamanho da bolha na flotação de partículas finas. Mineral Processing and Extractive Metallurgy Review, 5(1-4), 101- 122.

Xia, W., Yang, J., & Liang, C. (2017). Melhorando a flotação de carvão oxidado usando biodiesel como coletor. Jornal Internacional de Preparação e Utilização de Carvão, 37(2), 55-64.

Xing, Y., Gui, X., & Cao, Y. (2017). Efeito do ião cálcio na flotação do carvão na presença de argila caulinite. Energy & Fuels, 31(2), 1517-1522.

Zimmerman, W.B., Tesar, V., Butler, S., & Bandulasena, H.C. (2011). Geração de microbolhas. Patentes Recentes em Engenharia, 5(3), 220-232.

Printed by Books on Demand GmbH, Norderstedt / Germany